INTRODUÇÃO A
SISTEMAS DE SUPERVISÃO, CONTROLE E AQUISIÇÃO DE DADOS

ERVALDO GARCIA JUNIOR

INTRODUÇÃO A
SISTEMAS DE SUPERVISÃO, CONTROLE E AQUISIÇÃO DE DADOS

S C A D A

ALTA BOOKS
E D I T O R A
Rio de Janeiro, 2019

Introdução a Sistemas de Supervisão, Controle e Aquisição de Dados — SCADA
Copyright © 2019 da Starlin Alta Editora e Consultoria Eireli. ISBN: 978-85-508-0464-4

Todos os direitos estão reservados e protegidos por Lei. Nenhuma parte deste livro, sem autorização prévia por escrito da editora, poderá ser reproduzida ou transmitida. A violação dos Direitos Autorais é crime estabelecido na Lei nº 9.610/98 e com punição de acordo com o artigo 184 do Código Penal.

A editora não se responsabiliza pelo conteúdo da obra, formulada exclusivamente pelo(s) autor(es).

Marcas Registradas: Todos os termos mencionados e reconhecidos como Marca Registrada e/ou Comercial são de responsabilidade de seus proprietários. A editora informa não estar associada a nenhum produto e/ou fornecedor apresentado no livro.

Impresso no Brasil — 2019 — Edição revisada conforme o Acordo Ortográfico da Língua Portuguesa de 2009.

Publique seu livro com a Alta Books. Para mais informações envie um e-mail para autoria@altabooks.com.br

Obra disponível para venda corporativa e/ou personalizada. Para mais informações, fale com projetos@altabooks.com.br

Produção Editorial Editora Alta Books **Gerência Editorial** Anderson Vieira	Produtor Editorial Juliana de Oliveira Thiê Alves **Assistente Editorial** Ian Verçosa	Marketing Editorial marketing@altabooks.com.br **Editor de Aquisição** José Rugeri j.rugeri@altabooks.com.br	Vendas Atacado e Varejo Daniele Fonseca Viviane Paiva comercial@altabooks.com.br	Ouvidoria ouvidoria@altabooks.com.br
Equipe Editorial	Adriano Barros Bianca Teodoro Illysabelle Trajano	Kelry Oliveira Keyciane Botelho Larissa Lima	Leandro Lacerda Maria de Lourdes Borges Paulo Gomes	Thales Silva Thauan Gomes
Revisão Gramatical Priscila Gurgel Amanda Meirinho	Diagramação Luisa Maria Gomes	Capa Bianca Teodoro	Layout Paulo Gomes	

Erratas e arquivos de apoio: No site da editora relatamos, com a devida correção, qualquer erro encontrado em nossos livros, bem como disponibilizamos arquivos de apoio se aplicáveis à obra em questão.

Acesse o site www.altabooks.com.br e procure pelo título do livro desejado para ter acesso às erratas, aos arquivos de apoio e/ou a outros conteúdos aplicáveis à obra.

Suporte Técnico: A obra é comercializada na forma em que está, sem direito a suporte técnico ou orientação pessoal/exclusiva ao leitor.

A editora não se responsabiliza pela manutenção, atualização e idioma dos sites referidos pelos autores nesta obra.

Dados Internacionais de Catalogação na Publicação (CIP) de acordo com ISBD

G216i	Garcia Junior, Ervaldo
	Introdução a sistemas de supervisão, controle e aquisição de dados: SCADA / Ervaldo Garcia Junior. - Rio de Janeiro : Alta Books, 2019. 192 p. : il. ; 14cm x 21cm.
	Inclui bibliografia e índice. ISBN: 978-85-508-0464-4
	1. Dados. 2. Sistemas. 3. Aquisição de dados. 4. SCADA. 5. I. Título.
2019-822	CDD 005.13 CDU 004.62

Elaborado por Vagner Rodolfo da Silva - CRB-8/9410

Rua Viúva Cláudio, 291 — Bairro Industrial do Jacaré
CEP: 20970-031 — Rio de Janeiro - RJ
Tels.: (21) 3278-8069 / 3278-8419
www.altabooks.com.br — altabooks@altabooks.com.br
www.facebook.com/altabooks

Dedicatória

Dedico este livro a todos os meus familiares, em especial a minha querida esposa Regina por todo apoio e carinho.

"Viver é enfrentar um problema atrás do outro. O modo como você o encara é que faz a diferença." (Benjamin Franklin)

Agradecimentos

A todas as pessoas que direta ou indiretamente contribuíram de alguma forma para que este livro se tornasse realidade.

Um agradecimento especial aos meus alunos que, durante o curso de Sistemas Supervisórios que ministro na Faculdade de Tecnologia (FATEC) Prof. Miguel Reale Itaquera-SP, contribuíram para que o conteúdo fosse melhorado.

Breve resumo sobre o autor

Mestre em Engenharia Elétrica pela Escola Politécnica da Universidade de São Paulo, com Especialização em Automação pelo convênio CEETEPS/CDT.

Atuou na área de Projetos de Instalações Elétricas e Automação por dez anos.

Professor Universitário há mais de trinta anos, tendo passado por diversas Instituições de Ensino como Escola de Engenharia Mauá, FMU, entre outras. Atualmente, Professor da FATEC.

Sumário

Apresentação xvii

Capítulo 1: Introdução 1
    1.1. Histórico 3
    1.2. Conceitos 9
        1.2.1. 3T (Telecomando, Telemedição e Telesupervisão) 9
        1.2.2. Tempo Real 10
        1.2.3. Datação 11
        1.2.4. Sistemas Abertos 12
        1.2.5. SCADA x SSC (Sistema de Supervisão e Controle) 14
        1.2.6. integração de Sistemas 15

Capítulo 2: Arquitetura de um Scada 17
    2.1. Visão Geral 19
    2.2. Funcionalidade 21

Capítulo 3: Sistema de Comunicação 27
3.1. Elementos de um Sistema de Comunicação 29
    3.1.1. Processador de Fronteira (FEP) 30
    3.1.2. MODEM 30
    3.1.3. MEIO FÍSICO 30
3.2. Protocolos de Comunicação 32
    3.2.1. Topologia 32
        3.2.1.1. Ponto a Ponto 33
        3.2.1.2. Estrela 33
        3.2.1.3. Barramento 34
        3.2.1.4. Anel 35
    3.2.2. Padrão Elétrico 37
    3.2.3. Mensagem 37
    3.2.4. Métodos de Acesso 38
        3.2.4.1. MESTRE-ESCRAVO 39
        3.2.4.2. MULTIMESTRE 40
        3.2.4.3. BROADCAST 42
        3.2.4.4. STORAGE AND FORWARD 44
    3.2.5. O MODELO OSI-ISO 45
    3.2.6. TCP/IP 48
    3.2.7. OPC — OLE (Object Linking Embedding)
        for Process Control 50
    3.2.8. A Escolha do Protocolo 53
3.3. Meios de Comunicação 53
    3.3.1. Rádio 54
        3.3.1.1. Conceitos de Radiopropagação 58
        3.3.1.2. Faixas de Frequência 59
        3.3.1.3. Tipos de Modulação 61
        3.3.1.4. Licenciamento 65
        3.3.1.5. Topologia 65
        3.3.1.6. Atrasos 67
        3.3.1.7. Antenas 67

    3.3.2. Telefonia..68
        3.3.2.1. Linha Discada..69
        3.3.2.2. Linha Privada de Comunicação de Dados (LPCD)..71
        3.3.2.3. Linhas Particulares Dedicadas 72
    3.3.3. Transmissão de Dados pela Rede Elétrica.......................74
    3.3.4. Fibra Óptica..75
        3.3.4.1. Fibras Multímodo 76
        3.3.4.2. Fibras Monomodo 78
    3.3.5. Satélites..80
    3.3.6. Aplicação e Comparação 81
3.4. Processador de Fronteira (FEP — Front End Processor)...83
    3.4.1. Tipos de FEP...87
        3.4.1.1. Microcomputador padrão PC com placa de Interface Multisserial..................................87
        3.4.1.2. Conjunto de Gateways 88
        3.4.1.3. Controlador Lógico Programável (CLP) de Alta Capacidade..............................89
3.5. Rede Local (LAN — Local Area Network)...........................90
3.6. Redes de Longa Distância (WAN — Wide Area Network) 92

Capítulo 4: Estações Remotas..97
4.1. Funcionalidade.. 100
4.2. Estações Remotas X Controladores Lógicos Programáveis 103
4.3. Estações Remotas Dedicadas..103
    4.3.1. Dispositivos Eletrônicos Inteligentes (IED)................... 104
    4.3.2. Instrumentação Analítica 104
    4.3.3. Instrumentação Convencional....................................105
    4.3.4. Válvulas Inteligentes de Controle................................. 106
    4.3.5. Computadores de Vazão de Gás 106
    4.3.6. Registradores Eletrônicos de Pressão............................107

4.4. Interface com o Processo 107
    4.4.1. Interface Direta 108
    4.4.2. Interfaces Seriais...110
4.5. Sistemas de Alimentação 112
    4.5.1. Células Fotovoltaicas...112
    4.5.2. Células Termovoltaicas 112
    4.5.3. Baterias Permanentes...113

Capítulo 5: Central de Operações 115
5.1. Estações de Trabalho de uma Central de Operações 119
    5.1.1. Estação de Operação..119
    5.1.2. Estação Servidora de Dados...119
    5.1.3. Estação de Engenharia.. 121
    5.1.4. Estação de Funções Avançadas 121
5.2. ASPECTOS ERGONÔMICOS 122
    5.2.1. Conforto Operacional... 123
    5.2.2. Configuração das Interfaces
         Homem-Máquina (IHM)... 124
5.3. Arquitetura Cliente-Servidor.. 126
5.4. Software de Supervisão e Controle... 129
5.5. Interface Homem-Máquina (IHM).. 132
5.6. Alarmes e Eventos 134
5.7. Histórico e Tendências 136
5.8. Processamento de Dados... 138
5.9. Comunicação 140
5.10. *Scripts* — Linguagens de Programação 141
5.11. Fluxo de Dados 141
    5.11.1. Base de Dados de Tempo Real 143
    5.11.2. Base de Dados Histórica 144
5.12. Geração de Relatórios 144

Capítulo 6: Aplicações 147
   6.1. Setor de Óleo 149
   6.2. Gás 151
   6.3. Softwares de Funções Avançadas
       (Otimização, Simulação e Modelagem) 154
       6.3.1. Funções Executadas *ON-LINE* 155
       6.3.2. Funções Executadas *OFFLINE* 155
       6.3.3. Exemplo: Óleo e Gás 156

Capítulo 7: Como Especificar um Scada 157
   7.1. Adequação ao Processo 159
   7.2. Fator Operativo 160
   7.3. Fator Integrativo 160
   7.4. Fator Ambiental 160
   7.5. Fator Físico 160
   7.6. Fator Energético 161
   7.7. Manutenção 161
   7.8. Segurança 161

Referências Bibliográficas 163

Índice 167

Apresentação

Os Sistemas de Supervisão e Controle, de uma maneira geral, estão presentes em praticamente todos os tipos de processos, desde os industriais, onde são mais aplicados, na automação residencial, predial, bancária, hospitais, e até nos automóveis, onde muitos deles hoje contam com sofisticados sistemas automáticos de controle de estabilidade, tração, segurança e entretenimento, interligados por redes específicas como a CAN e monitorados e acionados por centrais computadorizadas: os chamados "computadores de bordo".

Esses sistemas evoluíram muito com o tempo, graças ao avanço tecnológico, principalmente na área de telecomunicações e de informática, tanto em hardware quanto em software. Hoje, automatizar um processo é muito mais fácil do que a trinta ou quarenta anos atrás.

Os sistemas SCADA são um tipo particular de sistemas de supervisão e controle, utilizados em processos que estão geograficamente distantes de suas centrais de operação, como é o caso das indústrias química e petroquímica, energia elétrica, saneamento, óleo e gás, e que exigem a comunicação de um grande volume de dados à distância.

O objetivo deste livro é apresentar ao leitor de uma maneira simples, clara e objetiva como um sistema SCADA é constituído, mostrando todas as tecnologias envolvidas no seu projeto e especificação.

Para facilitar a leitura e o aprendizado, o livro está dividido em oito capítulos. O capítulo 1 faz uma introdução aos sistemas de supervisão e controle contando um pouco de sua evolução até os dias de hoje e também abordando alguns conceitos e definições que serão essenciais para o entendimento dos próximos capítulos. O capítulo 2 nos dá uma visão geral da constituição, aqui chamada de arquitetura, de um sistema SCADA, ou seja, de todos os elementos que fazem parte dessa arquitetura, e também das principais funcionalidades do sistema SCADA quando aplicado a um tipo de processo. O capítulo 3 aborda os sistemas de comunicação que são considerados como a parte mais importante do sistema SCADA, pois é através deles que ocorre todo o fluxo de dados entre as estações remotas e a central de operações. Serão apresentados neste capítulo todos os aspectos relacionados aos sistemas de comunicação de uma maneira geral como as topologias, os métodos de acesso, os padrões de mensagens, os protocolos de comunicação, além dos meios mais utilizados nos sistemas SCADA, como o rádio, a telefonia, a transmissão de dados pela rede elétrica, as fibras ópticas e os satélites, com foco nas principais características de cada um, como o tipo de modulação utilizado, taxas de transmissão de dados, entre outros. Outra parte importante do sistema SCADA é abordada no capítulo 4. As estações remotas são responsáveis por fazer a interface com o processo adquirindo valores de grandezas e sinais, além de enviar comandos para válvulas, bombas e inversores de frequência. São mostradas, neste capítulo, as principais funcionalidades bem como os tipos de estações remotas, inclusive as dedicadas. Além disso, faz-se também uma abordagem a respeito das interfaces e dos sistemas de alimentação utilizados nas estações remotas. O capítulo 5 fala sobre as centrais de operações, local onde todo o processo é monitorado e controlado pelos operadores através do software de supervisão e controle, também chamado de "supervisório". O capítulo fala sobre as características e funções das diversas estações de trabalho que constituem uma central de operações, bem como os aspectos relativos a questões de ergonomia. Faz-se também uma abordagem mais técnica no que diz respeito à interface homem-máquina, como é feita a comunicação de dados dentro de uma central de operações, além das formas como as informações do processo são apresentadas aos operadores. O capítulo 6 apresenta as aplicações dos sistemas SCADA, que particularmente, neste livro, foi escolhido o setor de óleo e gás. Serão mostrados, para cada aplicação, os subsistemas que são monitorados e controlados pelo sistema SCADA, que tipo de ações são realizadas em cada um. O capítulo 7 mostra sucintamente os pontos principais que devem ser levados em consideração na hora de projetar e especificar um sistema SCADA. As referências bibliográficas mostram as obras que foram utilizadas pelo autor como base para o texto do livro e também como uma sugestão caso o leitor deseje se aprofundar mais sobre o assunto. De uma maneira geral, a ideia do livro, como o próprio nome sugere, é fazer uma introdução aos sistemas SCADA levando o leitor a conhecer os aspectos básicos deste tipo de sistema muito utilizado para monitoração e controle de processos.

- Ervaldo Garcia Júnior

1.1. HISTÓRICO

Uma das principais bases da automação industrial é o sistema de supervisão e controle de um processo industrial. Este sistema consiste, de uma maneira geral, na atuação do homem nos processos de produção através de mecanismos confiáveis e que garantam um bom desempenho das ações, a segurança no controle de ambientes de difícil acesso humano e a minimização de falhas, garantindo assim a otimização da produção.

Particularmente, os sistemas SCADA têm como uma de suas principais características, no que diz respeito à aplicação, serem utilizados em plantas cujas variáveis do processo têm que ser medidas e controladas a grandes distâncias e esses dados disponibilizados aos operadores nas centrais de operação, em grandes telas que mostram, através de animações, o comportamento do processo. Para que esses dados cheguem a essas centrais são utilizados diversos meios de comunicação como rádio e satélites, que utilizam modernas técnicas de modulação e tratamento dos dados além de velocidades de comunicação consideráveis.

Porém, para chegar nesse quadro hoje, a automação vem passando por um processo de evolução.

Na década de 1940, os sinais analógicos eram enviados aos instrumentos de medição alocados em enormes painéis pneumáticos localizados nas salas de controle, por meio de linhas de pressão, que seguiam um padrão de 20 a 100kPa, proporcionais às grandezas que estavam sendo medidas. A figura 1.1 mostra um painel pneumático e suas linhas de pressão.

Figura 1.1 - Painel Pneumático

O aumento no volume de dados, que em algumas áreas como a indústria aeronáutica e espacial necessitavam ser monitorados, fez com que surgisse um novo padrão de comunicação. Os sinais elétricos de 4 a 20mA proporcionais às grandezas medidas mudaram consideravelmente o conceito de sistemas de supervisão e controle, abrangendo desde a instrumentação até as salas de controle.

Esta mudança ocorreu motivada por um outro setor, a indústria ferroviária.

Boyer [1] afirma que o setor ferroviário utilizava um sistema de comunicação através de cabos condutores para localizar e monitorar seu estoque em trânsito e o roteamento de suas vias. As composições eram detectadas através de sensores eletromagnéticos e a posição dos desvios, através de chaves de duas posições que acendiam lâmpadas sinalizadoras, localizadas em uma central de operações, muitas vezes distantes. Em função disso, era necessária a utilização de relés repetidores.

Este sistema de informações, chamado de TELEMETRIA, permitia à central monitorar os acontecimentos remotamente, propiciando um planejamento seguro de tráfego.

Logicamente, o traçado e a infraestrutura necessários à operação de uma ferrovia na época tornava a instalação deste tipo de sistema de automação muito simples, o que nem sempre refletia nos outros setores.

Nem todos os sistemas de telemetria tinham sua instalação tão simplificada como no setor ferroviário, pelo fato de trabalharem com sinais predominantemente do tipo analógicos como oleodutos, gasodutos, adutoras, indústria química e petroquímica e energia elétrica, podendo, porém, utilizar tais vantagens.

O avanço tecnológico das telecomunicações, embora lento no início do século, permitiu a obtenção de um número maior de dados, a partir de pontos cada vez mais distantes e muitas vezes até mesmo em movimento, com um menor consumo de energia, ou seja, menores perdas em relação a utilização de cabos.

Apresenta-se a seguir um exemplo de como variáveis analógicas eram medidas à distância através do uso de radiocomunicação.

Figura 1.2 — Medição de variáveis de processo à distância

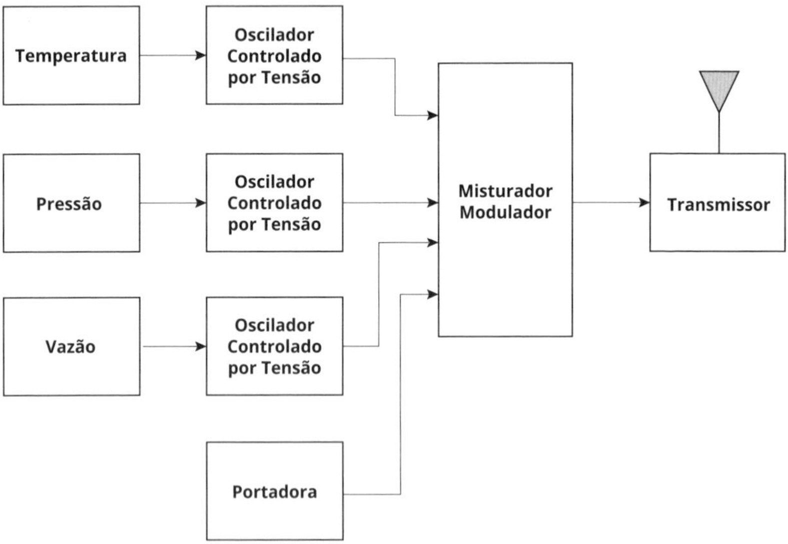

Os sistemas de rádio, e em particular a radiotelemetria continuaram a se desenvolver, principalmente em função do aumento da quantidade de dados a serem transmitidos, além de se incluírem também nas transmissões mecanismos de detecção e de correção de erros. Mas ainda assim a comunicação era realizada de maneira unidirecional, ou seja, sempre de locais remotos para as centrais e nunca em sentido contrário.

Foi no início dos anos 1960, que se desenvolveu a comunicação bidirecional, permitindo-se agora que fossem enviados comandos da central para o processo. Mais uma vez o setor ferroviário foi o pioneiro na implementação desse novo conceito, com o objetivo de manobrar desvios em trilhos além de outras funções. Surgiu desse desenvolvimento o conceito de TELECOMANDO.

Outros segmentos industriais como eletricidade, óleo, gás entre outros, aderiram imediatamente a este novo conceito.

Durante os anos 1960 o rádio desenvolveu-se ainda mais, viabilizando economicamente os sistemas, sendo que, na metade dos anos 1970, quase todos os sistemas de telemetria e telecomando utilizavam rádio como principal meio de comunicação.

Paralelamente ao desenvolvimento dos sistemas de radiocomunicação, no final dos anos 1960 os computadores digitais começaram a ser utilizados nos sistemas de supervisão e controle em substituição aos computadores de pequeno porte que apresentavam Interfaces Homem Máquina (IHM) deficientes, com uma série de relés para acender lâmpadas sinalizadoras, formando enormes quadros sinóticos, além de a armazenagem dos dados históricos dos processos feita em fitas magnéticas.

Porém, os computadores digitais deveriam ainda se comunicar de forma adequada para que pudessem ser instalados remotamente.

Isso gerou as primeiras interfaces seriais que utilizavam linhas telefônicas dedicadas em pequenas distâncias.

O avanço da tecnologia dos MODEM (**MO**dulador-**DEM**odulador) permitiu o aumento das distâncias nas linhas dedicadas, bem como a utilização de rádios, graças aos processos de modulação sobre sinais digitais (por exemplo, o FSK).

No que diz respeito às interfaces homem máquina, estas passaram a contar com o uso de monitores de vídeo mais desenvolvidos somente no final da década de 1970, em função do desenvolvimento lento da tecnologia digital nessa área.

A partir dos anos 1980 com rádios desenvolvidos para maiores espectros de frequência, modems aperfeiçoados, computadores em constante miniaturização, aumento da capacidade de armazenagem de dados (memórias) e melhorias de desempenho, além da possibilidade do uso de outros meios de comunicação como satélites, fibras ópticas e telefonia celular, uma instrumentação mais confiável e "inteligente", e inúmeras ferramentas de software, estabeleceram-se os modernos conceitos utilizados atualmente para sistemas SCADA.

Esses conceitos têm evoluído de forma bastante rápida até os dias de hoje em função de inovações ocorridas principalmente nas áreas de informática (hardware e software) e em telecomunicações.

1.2. CONCEITOS

Os conceitos e definições apresentados a seguir nos darão todo o embasamento teórico necessário para o bom entendimento do que será exposto nos capítulos posteriores.

1.2.1. 3T (TELECOMANDO, TELEMEDIÇÃO E TELESUPERVISÃO)

Embora o nome Telemetria esteja mais ligado a função de Telemedição, que consiste em disponibilizar ao operador, na central de operações, os valores das grandezas que são medidas em pontos remotos (distantes), ele foi estendido para mais duas funções: a de Telecomando, que consiste na atuação de um elemento remoto (válvula, motor etc.), a partir de uma intervenção local feita pelo operador na central de operações, e a de Telesupervisão, que consiste no aviso local (na central de operações) de ocorrências (eventos ou alarmes) remotas, ou seja, ocorridas no processo.

Verifica-se claramente que no caso da Telemetria e da Telesupervisão a comunicação se dá do processo para a central de operações, ao contrário do que acontece no Telecomando, onde a comunicação ocorre da central de operações para o processo. Isso caracteriza uma comunicação bidirecional.

1.2.2. TEMPO REAL

Considerando um sistema de controle com uma variável medida, uma variável manipulada (atuação) e onde cada modificação no valor da variável manipulada é função de uma modificação no valor da variável medida, diz-se que um Sistema de Tempo Real é aquele que modifica a variável manipulada rigorosamente no mesmo instante em que a variável medida sofre alguma variação.

Obviamente, um sistema de controle que utiliza computadores e controladores (elementos digitais) não implementa o comportamento apresentado, pois os mesmos, independente da performance, geram um atraso. Quando esse atraso não apresenta efeitos significativos ao processo controlado, pode-se dizer que este é um sistema de Tempo Real.

Além dos aspectos da digitalização dos sinais, deve-se também considerar os atrasos decorrentes da comunicação de dados, pois alguns meios de comunicação apresentam mais atrasos do que outros e, também, pelo fato de que a variável medida pode estar muito distante da variável manipulada. A maior parte dos protocolos de comunicação adotados pelos SCADA não se destinam a controle em tempo real.

Figura 1.3 — Comunicação entre variável medida e manipulada

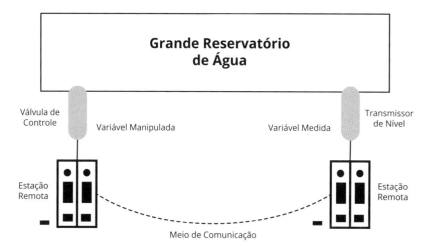

1.2.3. DATAÇÃO

É o processo de registro do instante de leitura de uma variável com o valor da medida da mesma neste instante.

O processo de datação é importante, pois ele fará com que o valor da variável seja armazenado na base de dados histórica, com a data e o horário de sua leitura. Isso permitirá que os operadores do processo possam analisar o comportamento de uma determinada grandeza do processo durante um intervalo de tempo através de um gráfico histórico.

Normalmente a datação é feita pela estação remota e, no caso desta não a fazer, o processador de fronteira (FEP), que será visto mais adiante, poderá ser programado para fazer a datação.

1.2.4. SISTEMAS ABERTOS

Atualmente o conceito de sistemas abertos tem mudado muito, mas as características básicas mantêm-se inalteradas. É de extrema importância que se desenvolva um SCADA aplicando softwares e hardware que façam com que ele atenda às características de um sistema aberto.

Tipicamente em um Sistema de Supervisão e Controle hoje em dia, é muito comum ter equipamentos de diversos fabricantes conectados numa mesma rede de comunicações e sob um mesmo protocolo, caracterizando, assim, um sistema aberto de automação.

Considera-se que um sistema é aberto quando ele apresentar as seguintes características básicas:
- **Portabilidade:** para que o software de supervisão e controle empregado possa ser executado sobre qualquer sistema operacional.
- **Modularidade:** tanto funcional quanto física, para que as funções do sistema sejam executadas separadamente por módulos e que qualquer problema em alguns deles não degrade o funcionamento de todo o sistema.
- **Interconectividade:** para integrar funções realizadas ou dados gerados externamente, por outros sistemas.
- **Escalabilidade:** para poder ser expandido livremente agregando novos equipamentos ou funções, à medida que o processo for aumentando, sem interferências na configuração preexistente.
- **Interoperabilidade:** para que diversas aplicações que utilizem outros softwares possam usufruir de dados ou até mesmo de funções do sistema.

1.2.5. SCADA X SSC (SISTEMA DE SUPERVISÃO E CONTROLE)

Ambas as soluções tecnológicas se destinam às mesmas funcionalidades básicas.

Um SSC (Sistema de Supervisão e Controle) é mais utilizado em aplicações que envolvam processos discretos típicos da indústria de manufatura como a automobilística, autopeças, entre outras, devido às distâncias envolvidas entre o processo e o controle e supervisão serem limitadas, e uma rede local resolveria a questão da comunicação. Já um sistema SCADA, que pode ser considerado como um tipo de SSC, é mais utilizado em processos do tipo contínuo, ou seja, que envolvam variáveis analógicas, típicas de uma indústria química, petroquímica, de energia elétrica, entre outras, e que utilizam comunicação de dados em grandes distâncias. A tabela a seguir apresenta algumas diferenças entre esses dois tipos de sistemas:

Tabela 1-1 — Diferenças entre SSC e SCADA

	Cobertura	Funcionalidade	Tempos de Resposta	Comunicação
SCADA	Grandes Áreas Geográficas	Basicamente Monitoração	Dezenas de segundos ou minutos	Múltiplos Meios
SSC	Áreas Limitadas	Funções mais Complexas	Instantâneo	Rede Local (LAN) de alta velocidade

Fonte: Autor

1.2.6. INTEGRAÇÃO DE SISTEMAS

A tecnologia que é utilizada na especificação e nos projetos de sistemas SCADA difere bastante quando comparada com o projeto e desenvolvimento de equipamentos e de software. Os sistemas SCADA aplicam os equipamentos, software e outras tecnologias como redes de comunicação, de forma harmoniosa e fortemente integrada.

Um sistema SCADA não constitui uma solução pronta. Cada caso deve ser estudado e desenvolvido de acordo com a aplicação específica.

Uma condição que prejudica, por um lado, mas ajuda por outro, é a velocidade do atual desenvolvimento tecnológico, principalmente o relacionado aos produtos envolvidos com sistemas SCADA, onde a cada três meses aproximadamente tem-se um novo produto ou uma nova solução.

Capítulo 2

ARQUITETURA DE UM SCADA

2.1. VISÃO GERAL

SCADA — **S**upervisory **C**ontrol **A**nd **D**ata **A**cquisition ou, em Português, costuma-se traduzir como sistema de **S**upervisão, **C**ontrole e **A**quisição de **DA**dos.

Um sistema SCADA permite aos seus usuários coletar dados de instalações geograficamente distantes e enviá-los a uma central de operações, além de enviar para essas instalações um grande número de tipos de instruções de controle.

A aplicação de um sistema SCADA evita a presença constante de operadores em locais remotos, enquanto estes se encontrarem em situações normais de operação.

Um sistema SCADA obrigatoriamente possui uma interface homem-máquina (IHM) tipicamente localizada em uma ou mais centrais de operação, através da(s) qual(is) o operador enxerga e atua sobre o processo.

Alguns profissionais e algumas empresas de desenvolvimento de sistemas costumam chamar seus "pacotes" de software de Supervisão e Controle de "SOFTWARE SCADA". Na verdade, este tipo de software é apenas uma das partes do sistema SCADA, que sem um sistema de comunicação e as estações remotas não se completa.

Por definição, um sistema SCADA é uma **solução tecnológica** que permite aos seus usuários realizar remotamente mudanças de *set-point* em controladores de processo, abrir e fechar válvulas ou disjuntores, monitorar alarmes e trazer medições de locais geograficamente distribuídos para uma Central de Operações.

Um sistema SCADA é formado pelos três principais elementos mostrados na figura a seguir:

Figura 2.1 — Elementos Constituintes de um Sistema SCADA

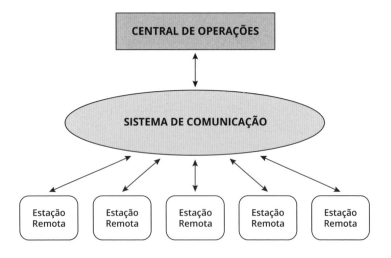

Cada um desses elementos é formado através da integração adequada de recursos de hardware (equipamentos) e de software (aplicativos). Já o sistema de comunicação, além de se formar como os demais, requer a presença de outros recursos que muitas vezes pertencem a terceiros, como é o caso das redes públicas de comunicação ou das prestadoras destes serviços (satélites, telefonia celular, entre outros).

Outro elemento pertencente ao sistema SCADA que tem um papel importante, principalmente na comunicação dos dados das estações remotas para a central e vice-versa, é o Processador de Fronteira (FEP — Front End Processor), que, apesar de ser considerado por alguns autores como um dos elementos principais do sistema SCADA, será considerado que pertence ao sistema de comunicação.

Outra consideração importante é a de que os dispositivos de interface com o processo, ou seja, a instrumentação, não serão abordados neste livro, sendo considerados como elementos pertencentes às Estações Remotas.

2.2. FUNCIONALIDADE

As funções principais de um sistema SCADA podem ser descritas como:

- **Monitoração, Supervisão e Atuação centralizadas sobre o processo**

  Estas funções são centralizadas devido ao fato de as mesmas serem realizadas a partir de uma central de operações.

- **Operação (Interface Homem Máquina)**

  Normalmente a IHM está localizada na central de operações e é ela quem permite ao operador realizar essa função.

- **Controle Distribuído automático do processo**

  Todo o controle é feito de maneira distribuída para garantir a continuidade do processo caso haja falha em algum controlador e facilitando também a manutenção.

- **Obtenção e Gerenciamento da Base de Dados do processo**

  Nas mais modernas arquiteturas de sistemas SCADA é muito comum se ter as chamadas bases de dados, que têm como funções principais armazenar todos os dados do processo como medidas de variáveis, alarmes, eventos, entre outros. Os tipos e as características das bases de dados utilizadas serão estudadas em outros capítulos.

- **Manipulação dos dados da base**

    A correta manipulação dos dados permite obter informações relevantes do processo, mostradas ao operador nas IHM através de animações, gráficos históricos e em tempo real, tabelas, entre outros que são criados através do software supervisório. Permite também que se obtenham relatórios referentes ao processo dos mais diversos tipos, além de telas de alarme e de eventos ocorridos no processo.

- **Otimização, Modelagem e Simulação do processo**

    É comum que sejam feitas otimizações no processo, refletindo de forma direta nas telas do supervisório. As mudanças de telas decorrentes das otimizações são feitas por pessoal especializado (estações de engenharia) e atualizadas nas IHM em tempo real.

É muito comum também existirem softwares rodando em conjunto com o supervisório, que permitem criar modelos e simulações para se estudar, por exemplo possíveis falhas que possam a vir a acontecer na operação normal do processo, antecipando, assim, as ações de controle e as devidas proteções.

O estudo da distribuição funcional de um sistema SCADA recorre à tradicional pirâmide dos Sistemas de Automação, mostrada a seguir:

Figura 2.2 — Distribuição Funcional de um SCADA

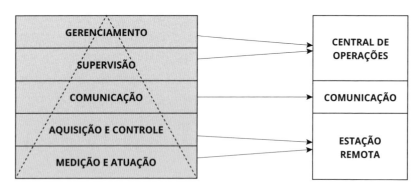

A seguir são apresentadas as principais funções comumente atribuídas a cada nível:

- **Medição e Atuação** — Interface com o processo e transdução.
- **Aquisição e Controle** — Tratamento de variáveis, Aquisição de dados, Controle contínuo (PID), Intertravamento, Sequenciamento, Alarmes etc.
- **Comunicação** — Gerenciamento dos recursos e meios, codificação, protocolos etc.
- **Supervisão** — Operação, Monitoração, Gerenciamento de Alarmes e Eventos, Comandos, Intervenções, IHM etc.
- **Gerenciamento** — Manipulação da Base de Dados, controle Operacional, Otimização dos Processos, Simulação, Modelagem etc.

A figura a seguir apresenta os elementos de um sistema SCADA.

Figura 2.3 — Elementos de um sistema SCADA

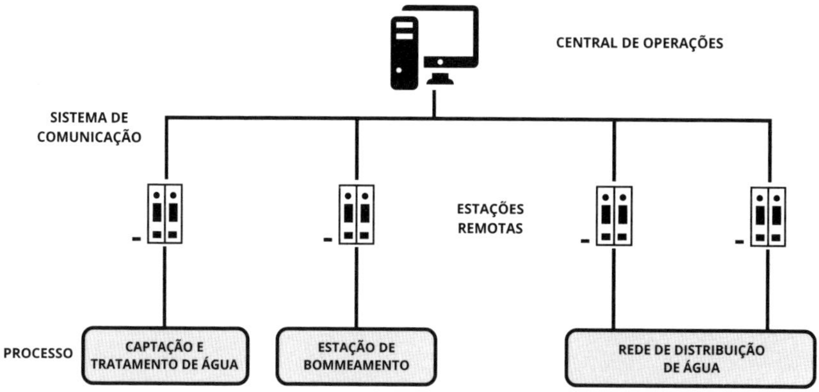

Será abordada a seguir a formação de cada um dos principais elementos de um sistema SCADA, iniciando-se pelo Sistema de Comunicação.

Capítulo 3
SISTEMA DE COMUNICAÇÃO

O sistema de comunicação é a parte mais importante de um sistema SCADA. É através dele que os dados do processo (valores de pressão, vazão, temperatura, alarmes, eventos etc.) são enviados das estações remotas para a central de operações e os comandos para mudanças de setpoints, aberturas e fechamentos de válvulas são enviados da central de operações para as estações remotas. Para que isso ocorra, são utilizados diversos meios de comunicação como rádio, telefonia e satélites, que serão vistos a seguir e que podem ser configurados para operarem como uma rede regional (WAN). É também através dele que as estações que constituem a central de operações trocam dados entre si e com as bases de dados, neste caso, através do uso de redes locais (LAN), e também como a instrumentação se comunica com as estações remotas, pelo uso das redes de campo "fieldbus" (Modbus, Profibus, Foundation, entre outras).

3.1. ELEMENTOS DE UM SISTEMA DE COMUNICAÇÃO

Os principais elementos que fazem parte de um sistema de comunicação aplicado aos sistemas SCADA são apresentados a seguir:

Figura 3.1 — Típica comunicação de um sistema SCADA

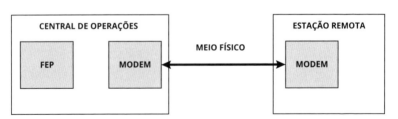

3.1.1. PROCESSADOR DE FRONTEIRA (FEP)

Tem um papel muito importante no sistema de comunicação, pois é ele quem faz o interfaceamento entre o meio físico e a central de operação. O FEP será estudado com mais detalhes posteriormente.

3.1.2. MODEM

É o elemento responsável pela transmissão e recepção dos dados, adequando os sinais elétricos aos requisitos físicos do meio. Realiza as funções de **MOD**ulação e **DEM**odulação dos dados que podem ser analógicos ou digitais, transformando-os em sinais analógicos ou digitais. Para que isso seja feito, são utilizadas diversas técnicas de modulação, como a AM e FM, NRZ-L, Manchester, FSK, PCM, entre outras. É definido em função do tipo de meio físico a ser utilizado.

3.1.3. MEIO FÍSICO

Meio onde se dá a transmissão dos sinais elétricos correspondentes aos dados trocados, podendo ser pela atmosfera (rádio, telefonia celular, satélites, micro-ondas), por cabos metálicos (telefonia convencional e redes particulares) ou por cabos ópticos (fibra óptica).

Um Sistema de Comunicação é formado por uma ou mais redes ou meios de comunicação em configurações uniformes ou heterogêneas, ou seja, podem ser utilizados num mesmo sistema SCADA diversos meios de comunicação. Este é um aspecto muito importante na especificação de um sistema de comunicação, pois depende da disponibilidade de um determinado meio nos locais onde as estações remotas serão instaladas.

As informações e dados que fluem através do sistema de comunicação de um sistema SCADA são destinados basicamente a monitoração e supervisão (estado e valores de variáveis, alarmes e eventos), comando (atuação, valores para ajustes, sinalização) e controle (situação operacional do próprio sistema de comunicação).

Quanto ao uso, um sistema de comunicação é dito "ON-LINE" quando as estações remotas trocam predominantemente os dados com a Central de Operações de forma rotineira, ou na medida em que eles ocorrem, praticamente em tempo real; ou "BATCH" quando as estações remotas enviam uma grande quantidade de dados, sob forma de tabelas, registrados de forma histórica, algumas vezes ao dia, sob solicitação da operação, ou sob ocorrência de algum evento extraordinário. Normalmente os sistemas Batch são considerados como subfunções dos sistemas On-line.

Ao especificar um sistema de comunicação, devem-se levar em consideração dois aspectos de extrema importância: o meio físico, que é definido pela distribuição geográfica das estações e pelos recursos públicos disponíveis na região de instalação do sistema SCADA, e o protocolo de comunicação, que é definido pelo tipo de meio físico e necessidade operacional do processo.

3.2. PROTOCOLOS DE COMUNICAÇÃO

Um protocolo de comunicação pode ser visto como um conjunto de procedimentos que servem para controlar e regular uma comunicação, conexão e transferência de dados entre sistemas computacionais e/ou de automação. Um protocolo de comunicação é definido em função de diversos aspectos físicos, tecnológicos, aplicativos e principalmente operacionais, a saber:

3.2.1. TOPOLOGIA

Quando se fala em topologia nas redes de computadores e nos sistemas de comunicação, ela pode ser dividida em topologia física e topologia lógica.

A topologia física diz respeito à maneira como os equipamentos são conectados entre si, ou seja, o tipo de meio físico, tipos de placas e equipamentos de conexão como modems, roteadores, switches, entre outros, que são utilizados para prover de forma adequada a conexão entre eles.

Já a topologia lógica diz respeito à maneira como os dados são trocados entre os equipamentos que fazem parte das redes.

Um sistema de comunicação utilizado nos sistemas SCADA é formado por pelo menos dois pontos que necessitam se comunicar entre si. Dependendo do número de pontos e da distribuição geográfica dos mesmos, um sistema pode apresentar as seguintes topologias:

3.2.1.1. Ponto a Ponto

A topologia ponto a ponto tem a característica de um ponto comunicar-se única e exclusivamente com outro e vice-versa.

Figura 3.2 — Topologia Ponto a Ponto

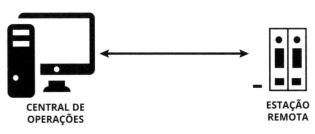

CENTRAL DE OPERAÇÕES   ESTAÇÃO REMOTA

3.2.1.2. Estrela

A topologia estrela é bastante utilizada. Tem a característica de um ponto central comunicar-se com vários pontos remotos, porém um ponto remoto comunicar-se única e exclusivamente com o central. Eventualmente, pontos remotos podem trocar mensagens entre si, porém, fisicamente, sempre através do ponto central.

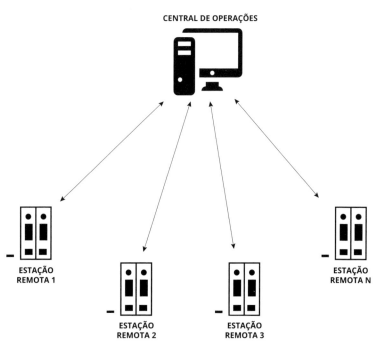

Figura 3.3 — Topologia Estrela

3.2.1.3. Barramento

A topologia barramento tem como principal característica o uso compartilhado do meio, pelos diversos pontos a ele conectados. Todos os pontos podem comunicar-se entre si.

Esse tipo de topologia requer um eficiente gerenciamento do uso do meio para que possa funcionar de maneira adequada, para restringir o número de acessos simultâneos evitando, assim, a colisão de dados.

Figura 3.4 — Topologia Barramento

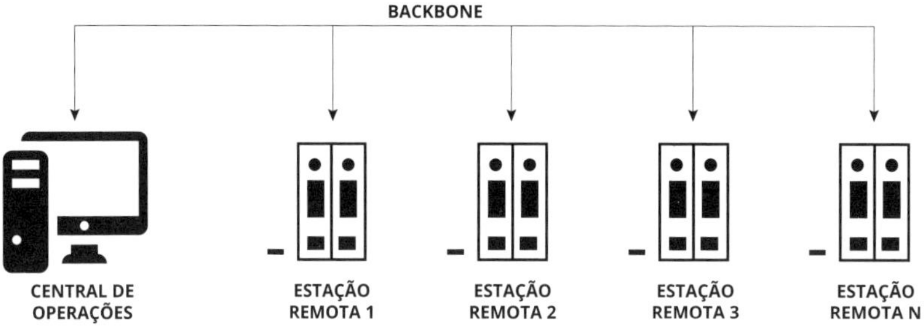

3.2.1.4. Anel

A topologia em anel, assim como a topologia em barramento, tem sua principal característica o uso compartilhado do meio. Esse tipo de topologia é mais voltado à utilização de meios físicos formados por cabos metálicos ou fibras ópticas.

Figura 3.5 — Topologia Anel

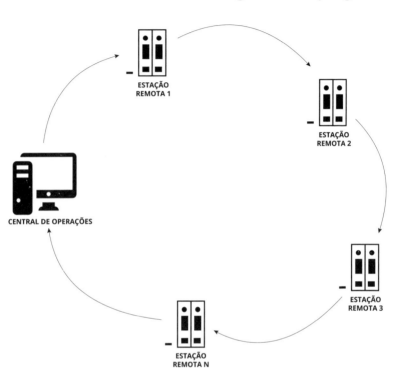

Cada ponto participante de um sistema de comunicação, com qualquer topologia, deve possuir um endereço único que o caracterize dentro deste. A Internet, por exemplo, por ser uma rede mundial, segue rigorosamente este conceito. Cada elemento conectado à Internet possui um endereço diferente.

3.2.2. PADRÃO ELÉTRICO

O padrão elétrico empregado em um sistema de comunicação é definido pelos elementos apresentados a seguir:

- Características do sinal (Tensão, Corrente, Frequência).
- Quantidade de sinais (Transmissão Tx, Recepção Rx, Controle etc.).
- Tipo de meio de Transporte, que é definido pelas características elétricas no que diz respeito principalmente a frequência.
- Tipo de conexão mecânica padrão de mercado (DB, BNC, RJ, etc).

São padrões elétricos comumente usados os definidos pelas normas EIA RS 232 e EIA RS 485.

3.2.3. MENSAGEM

Uma mensagem é formada por uma série de bytes, normalmente de 7 ou 8 bits codificados mediante o padrão ASCII, que possui três grupos de caracteres, a saber:

- Caracteres de controle (XON, XOFF, EOT, EOL, entre outros)
- Caracteres alfabéticos (A, B, C, a, x, y, z, entre outros)
- Caracteres numéricos (1, 2, 3 etc.)

A ordem de formação de uma mensagem depende do protocolo e do padrão de rede utilizado, mas geralmente é composta pelos seguintes itens:

- **Abertura (Start Bit):** Sequência de caracteres que indicam o início de uma mensagem.
- **Endereço:** Sequência de caracteres que informam o endereço do elemento da rede para o qual a mensagem se destina.
- **Função:** Sequência de caracteres que informam a função que o elemento interessado deverá realizar.
- **Dados:** Sequência de caracteres que representam os dados necessários à realização de alguma função ou simplesmente fornecer os dados como informações para quaisquer outras aplicações.
- **Fechamento:** Sequência de caracteres que indicam o término de uma mensagem.

Figura 3.6 — Sequência de formação de uma mensagem

ABERTURA	ENDEREÇO	FUNÇÃO	DADO 1	DADO 2	DADO N	FECHAMENTO

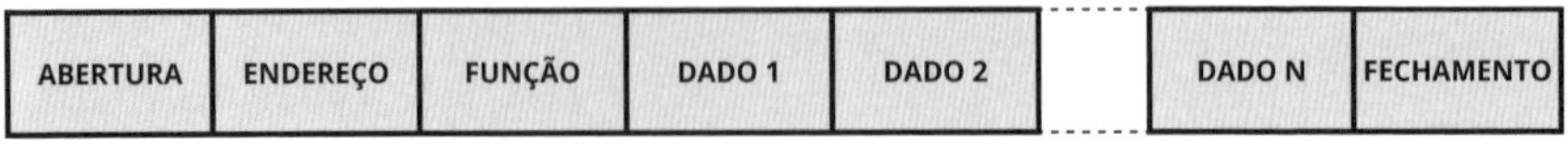

3.2.4. MÉTODOS DE ACESSO

Pode-se definir como acesso a um sistema, estando ele sob qualquer topologia, o uso de equipamentos e meios para efetuar uma troca de dados ou informações.

Independente da topologia e do meio físico, a comunicação entre dois pontos integrantes de um sistema SCADA deve ser controlada e organizada mediante uma série de regras. Essas regras visam viabilizar a utilização dos equipamentos e meios, de forma que não ocorram conflitos ou interferências durante um processo de troca de dados.

As topologias com meios compartilhados, além de serem as mais utilizadas em sistemas SCADA, são as que mais requerem organização. Mesmo nas topologias onde os meios são exclusivos, nota-se a necessidade de organização e ordenação.

O acesso se dá de acordo com algumas das formas mais comuns, que serão descritas a seguir.

3.2.4.1. MESTRE-ESCRAVO

No Mestre-Escravo um único ponto do sistema é definido como mestre e os demais como escravos. A comunicação é sempre iniciada pelo mestre que requisita a um escravo as informações desejadas. O escravo endereçado envia ao mestre as informações solicitadas, completando a troca de dados.

Nos sistemas SCADA onde os protocolos são Mestre-escravo, constantemente o mestre precisa solicitar dados aos escravos, ou seja, a central de operações precisa solicitar dados às estações remotas. Isto se dá através de varreduras cíclicas, quando, a cada intervalo de tempo preestabelecido, o mestre inicia a solicitação ao primeiro escravo passando pelos demais até o último, quando, então, aguarda o instante de reinício, ou como na maioria dos casos, reinicia imediatamente um novo ciclo.

Mesmo que algum escravo não tenha novos dados para enviar ao mestre a varredura é realizada, tornando aquele acesso totalmente desnecessário.

Outro ponto a ser observado: supondo-se que tenhamos dez estações remotas (escravos) em um sistema e que o mestre (central de operações) iniciou a varredura e está obtendo informações do 7º escravo, quando um alarme de alta prioridade deve ser enviado pelo 5º escravo ao mestre. Este escravo deve aguardar o término de todo o ciclo de varredura e esperar até que o mestre volte a interrogá-lo na próxima varredura, fazendo com que o alarme demore a ser reconhecido pelo operador.

3.2.4.2. MULTIMESTRE

No Multimestre um ponto definido como Mestre Hierárquico comporta-se tal qual o mestre do tipo de acesso anterior. Os demais pontos (escravos) enviam dados a esse, ou a qualquer outro ponto, sem nenhuma solicitação por parte deles. Em um sistema SCADA é rara a comunicação entre Estações Remotas de forma direta.

A vantagem principal da adoção desta forma de acesso é justamente a não realização de acessos desnecessários, otimizando o uso dos meios e equipamentos. Apresenta, porém, o inconveniente de eventualmente dois ou mais pontos desejarem o acesso ao mesmo tempo, provocando interferências ou colisões que destruam a mensagem.

Uma forma de reduzir essas interferências é a tentativa de restringir ao máximo o acesso, realizando-o somente quando necessário. Uma técnica bastante utilizada é a conhecida por "Comunicação por Exceção" ou URBE (*Unsolicited Report By Exception*).

Dentro dessa técnica, uma comunicação só é iniciada mediante as seguintes ocorrências na Estação Remota:

- Alarmes gerados diretamente pela instrumentação ou por processamento interno das estações remotas;
- Eventos físicos ou gerados por processamento interno das estações;
- Variação das grandezas analógicas monitoradas, para valores além dos definidos dentro de uma "Banda Morta".

Se em uma determinada remota, em um determinado período, não houver nenhuma das ocorrências apresentadas, varreduras de verificação são realizadas pelo mestre hierárquico para garantir a integridade do sistema. Durante essas varreduras a remota confirma ao mestre os valores enviados na última comunicação.

Toda vez que o mestre hierárquico recebe algum dado originado em alguma remota, ele envia a esta uma confirmação de recebimento. Isto se faz necessário devido à possibilidade de colisão. Caso a remota emitente não receba esta confirmação, inicia uma nova tentativa após um intervalo de tempo escolhido aleatoriamente.

Voltando ao exemplo do alarme de alta prioridade que deve ser enviado ao mestre pela 5ª remota de um sistema de dez remotas: esta agora poderá fazê-lo, mesmo sem solicitação do mestre, pois se trata de uma exceção.

3.2.4.3. BROADCAST

É realizado pelo mestre ou mestre hierárquico e corresponde ao envio de mensagens que devem ser recebidas por todas as demais estações remotas ou pontos do sistema. Estas mensagens não possuem um endereço de destino e são utilizadas para, por exemplo, ajuste dos relógios internos de todas as estações remotas, informações de serviço da central, emergência do processo etc.

Uma variação do Broadcast é o Multicast, onde, neste caso, o mestre ou o mestre hierárquico envia mensagens apenas para um grupo de estações remotas previamente endereçadas.

Figura 3.7 — Broadcast e Multicast

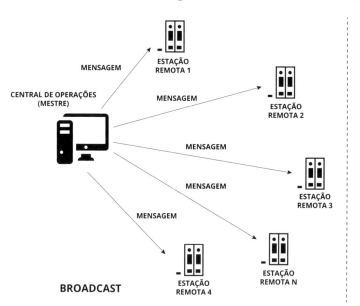

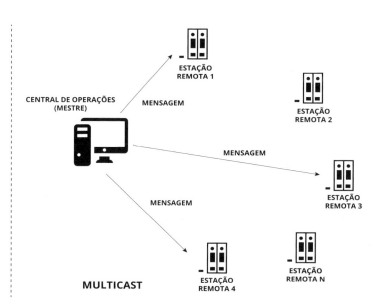

3.2.4.4. STORAGE AND FORWARD

Dependendo do tipo de processo a ser controlado e das características operacionais, uma comunicação não precisa necessariamente ser disparada por alguma ocorrência. Neste caso a estação remota pode realizar um registro histórico das ocorrências, com as devidas datas e transmitir esta tabela de registros no momento mais oportuno, considerando a disponibilidade do acesso.

No caso de sistemas de comunicação mais complexos, onde algumas estações remotas não conseguem se comunicar diretamente com a central de operações, são utilizadas algumas estações remotas como "pontos de passagem" de dados, e as tabelas citadas podem corresponder justamente a esses dados. Esse tipo de acesso caracteriza uma comunicação do tipo "batch".

Figura 3.8 — Storage and Forward

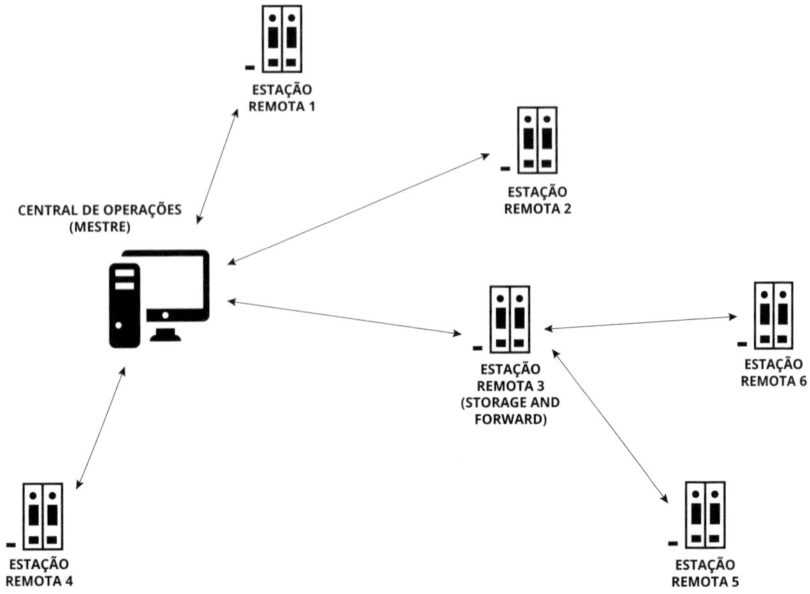

3.2.5. O MODELO OSI-ISO

O modelo de referência OSI-ISO foi desenvolvido pela Organização Internacional para Padronização (ISO) como um padrão de protocolo para a interconexão entre sistemas abertos. O modelo define a função de cada camada e demonstra que a comunicação entre duas estações só será possível se o padrão estabelecido para todas as camadas utilizadas for atendido.

O propósito de cada camada é oferecer serviços às camadas superiores, descrevendo desde aspectos físicos até aspectos abstratos, omitindo detalhes sobre a implementação de seus serviços.

Uma observação importante é que não há uma correspondência direta entre as camadas definidas pelo modelo e as partes do hardware que implementam um protocolo no sistema de comunicação, ou seja, as camadas do modelo OSI servem apenas de referência para a implementação de outros protocolos de comunicação.

O modelo é definido por sete camadas conforme mostra a figura a seguir:

Figura 3.9 — Camadas do Modelo OSI-ISO

CAMADA 7 - APLICAÇÃO
CAMADA 6 - APRESENTAÇÃO
CAMADA 5 - SESSÃO
CAMADA 4 - TRANSPORTE
CAMADA 3 - REDE
CAMADA 2 - ENLACE DE DADOS
CAMADA 1 - FÍSICA

- **Camada 1** — Física: define o padrão elétrico, o meio e a velocidade de transmissão. Sua função básica é receber os dados e iniciar o processo, ou vice-versa.

- **Camada 2** — Enlace (Link de Dados): recebe os dados formatados da camada física e define o código da mensagem e sua estrutura (*"frame"*), ou seja, Abertura, Informação, Fechamento, para que possa ser enviado à próxima camada (rede). Ela também detecta e, opcionalmente, corrige erros que possam acontecer no nível físico. A função desta camada é ligar os dados de um host a outro, fazendo isso através de protocolos definidos para cada meio específico (MAC — Controle de Acesso ao Meio) por onde os dados são enviados.

- **Camada 3** — Rede: Responsável pelo endereçamento dos pacotes de rede, também chamados de "datagramas", associando endereços lógicos (IP) em endereços físicos (MAC), de forma que os pacotes de rede consigam chegar corretamente ao destino. Também é decidido o melhor caminho para os dados. Ela entende o endereço físico (MAC) da camada de Enlace (2) e converte para endereço lógico (IP).

- **Camada 4** — Transporte: a preocupação, nesta camada, é com a qualidade da transmissão dos dados, tanto no envio como no recebimento. Depois que os pacotes chegam da camada 3, deve-se transportá-los de forma confiável, assegurando o sucesso deste transporte.

- **Camada 5** — Sessão: inicia uma sessão, ou seja, uma comunicação entre duas partes. Ao receber as solicitações da camada superior, o sistema operacional abre uma sessão, sendo esta responsável por iniciar, gerenciar e finalizar as conexões entre os pontos, e por se preocupar com a sincronização entre eles.

- **Camada 6** — Apresentação: realiza a transformação adequada nos dados, preparando-os antes de entregá-los à camada de sessão. Atua como se fosse uma intérprete entre redes diferentes, por exemplo, uma rede TCP/IP e outra IPX/SPX, traduzindo e formatando os dados de comunicação. A camada de apresentação também é responsável por outros aspectos da representação dos dados, como criptografia e compressão de dados.

- **Camada 7** — Aplicação: define as funções a serem executadas pelas aplicações. É nesta camada que trabalhamos, utilizando os softwares (aplicativos) como navegadores, gerenciadores de correio eletrônico, mensageiros, e qualquer outro aplicativo que utilize a rede para se comunicar. Ao enviar uma requisição para a rede, esta camada é a responsável por iniciar o processo de comunicação, que vai até a camada mais baixa (Física) e termina quando recebe a resposta novamente na camada 7 (Aplicação). Alguns protocolos que fazem parte dessa camada são: HTTP (Protocolo de Transferência de Hipertexto), SMTP (Protocolo para envio e recebimento de e-mail), FTP (Protocolo de Transferência de Arquivos), entre outros.

Para um sistema de comunicação de um sistema SCADA, normalmente é necessário definir somente três camadas, a mais alta e duas mais baixas.

3.2.6. TCP/IP

O protocolo TCP/IP - Protocolo de Controle de Transmissão / Protocolo Internet, é atualmente o mais utilizado. Numa primeira abordagem diz-se que esse protocolo é utilizado nas LANs e WANs de um sistema SCADA, mas com a crescente disponibilização dos recursos de comunicação, ele tende a ser o protocolo de comunicação principal de um sistema SCADA, onde todas as comunicações, inclusive as que envolvam as estações remotas, seriam suportadas por ele.

O TCP/IP encontra-se definido para as primeiras seis camadas do modelo OSI. A camada de aplicação ainda está definida de forma particular pelos fabricantes de cada equipamento, como estações remotas, CLPs e mesmo pelas empresas de softwares de supervisão e controle.

Para a padronização da camada de aplicação, um consórcio de empresas lançou uma ferramenta que facilita muito as atividades de integração entre equipamentos. Esta ferramenta é conhecida como "OPC".

As inúmeras vantagens do uso do TCP/IP são demonstradas pelo simples fato do mesmo implementar de forma rígida as funções das seis primeiras camadas do modelo OSI. Algumas observações sobre a aplicação do protocolo em sistemas SCADA são apresentadas a seguir:

- Não existem funções de aplicação para comunicação em Broadcast para recebimento de mensagens por várias estações simultaneamente;
- Necessidade de altas taxas de transmissão devido a grande quantidade de informações que a mensagem carrega;
- Alta taxa de utilização do meio de comunicação;
- Devido ao princípio adotado de acesso aleatório ao meio de comunicação, não há garantia de entrega da mensagem.

Sistemas implementados com um pequeno número de pontos acabam não percebendo estas desvantagens.

3.2.7. OPC — OLE (OBJECT LINKING EMBEDDING) FOR PROCESS CONTROL

O OPC pode ser definido como um padrão de comunicação entre os dispositivos de chão de fábrica e os sistemas de automação e informação.

A integração entre componentes de diversos fabricantes tem sido uma tarefa bastante difícil nos sistemas de automação de maneira geral. As funções operacionais de um sistema SCADA podem requerer um protocolo de comunicação para cada componente que a ele se integra. O uso do OPC vem solucionar esta dificuldade proporcionando uma integração flexível, poderosa e simples.

As aplicações em uma central de operações que requerem dados de várias estações remotas para realizarem suas tarefas, requisitam-nos como clientes sendo as estações remotas os servidores destas.

A ideia básica do OPC é padronizar a interface entre o servidor OPC e o cliente OPC, independentemente de qualquer fabricante em particular.

Da mesma forma que a integração de um computador a uma impressora de mercado, a integração de uma estação que roda um software de supervisão e controle com o hardware do processo (estação remota ou CLP) também não deve ser motivo de preocupação.

O servidor OPC é uma aplicação que roda em uma das estações de uma rede local (LAN) e disponibiliza dados de forma padronizada aos seus clientes OPC.

Um cliente OPC típico nos sistemas SCADA é o próprio software de supervisão e controle que recebe dados do Processador de Fronteira (FEP). Este, por sua vez, pode ser um cliente OPC das estações remotas (servidor OPC).

Pode-se elencar as vantagens de se utilizar o padrão OPC como:

- A padronização das interfaces de comunicação entre os servidores e clientes de dados de tempo real;
- A eliminação da necessidade de drivers de comunicação específicos (proprietários);
- A melhoria do desempenho e a otimização da comunicação entre dispositivos de automação;
- A interoperabilidade entre sistemas de diversos fabricantes;
- A facilidade de desenvolvimento e manutenção de sistemas e produtos para comunicacional em tempo real.

Figura 3.10 — OPC em sistemas SCADA

3.2.8. A ESCOLHA DO PROTOCOLO

Devido ao fato da não existência de dois sistemas SCADA exatamente iguais, a escolha do melhor protocolo deve levar em consideração alguns aspectos importantes como a velocidade necessária à troca de dados/informações, os tipos de dados e a quantidade de informações trocadas, o número de usuários dos dados e informações geradas, a distribuição geográfica, os meios disponíveis e ainda a segurança e a integridade dos dados e informações. Como já foi visto anteriormente, a escolha do protocolo é feita em função do meio de comunicação adotado para o sistema SCADA e é fator essencial para garantir uma comunicação eficiente.

3.3. MEIOS DE COMUNICAÇÃO

Os meios de comunicação podem ser classificados sob dois critérios: de Propriedade e de Utilização.

Quanto à Propriedade, o meio de comunicação pode ser Próprio ou Público, dada a disponibilidade de diversos serviços públicos de comunicação tais como telefonia fixa e celular, satélite etc.

Quanto à Utilização, o meio de comunicação pode ser Compartilhado ou Exclusivo. Podemos afirmar que exclusividade não é uma condição imprescindível a todo tipo de sistema SCADA.

Observa-se que todas as combinações entre as características dos dois critérios são possíveis, por exemplo, um meio pode ser próprio e compartilhado ou público e exclusivo.

A tabela a seguir mostra os principais meios quanto à sua classificação.

Tabela 3.1 — Classificação dos Meios de Comunicação

Meios de Comunicação (Rede)	Utilização		Propriedade	
	Compartilhado	Exclusivo	Próprio	Público
Rede Local (LAN)	X	X	X	
Rede Regional (WAN)	X	X	X	X
Linha Discada	X			X
Linha Privada (LPCD)		X		X
Rede Dedicada	X	X	X	
Rádio Comunicação	X	X	X	X
Satélite Dedicado		X		X
Satélite Compartilhado	X			X

Fonte: Autor

3.3.1. RÁDIO

É o meio de comunicação mais utilizado em sistemas SCADA. Com as novas tecnologias desenvolvidas para micro-ondas, que ampliam as taxas de transmissão, e também com modernas técnicas de modulação, esta solução está se estendendo cada vez mais. Hoje em dia protocolos mais complexos, como é o caso do TCP/IP, que requerem taxas de transmissão mais altas, já são passíveis de serem transmitidos por rádio.

Como foi visto anteriormente, o rádio foi o principal elemento motivador dos sistemas de telemetria ao longo deste século e ainda hoje é o viabilizador de muitos empreendimentos, apresentando algumas vantagens sobre os demais meios, como exposto a seguir:

- Não utilizar cabos que possam ser cortados, partidos ou roubados
- Independência de uma prestadora de serviços públicos;
- Baixo custo comparado aos serviços via cabo;
- Facilidade de instalação nos locais mais remotos, onde é impossível o lançamento de linhas;
- Fácil realocação.

Com relação ao tipo de informação transmitida, podem-se classificar os rádios em dois tipos: os de Dados, que são os mais adequados a telemetria, e os de Voz, que podem também ser utilizados em algumas configurações. Existem também os rádios de dados e de voz no mesmo equipamento, conhecidos como Rádio-modems, que facilitam muito a aplicação em sistemas SCADA que requerem este tipo de comunicação.

A seguir serão apresentados os sistemas de rádio mais utilizados em sistemas SCADA.

- **Sistema *Simplex*:** permite o envio de dados em uma única direção, ou seja, o rádio transmite ou recebe. a transmissão e a recepção se dá por uma única frequência, ou seja, a frequência de transmissão é igual à frequência de recepção (ft=fr). Estações remotas que não precisam receber comandos ou valores de ajustes podem ter rádios desse tipo.

Figura 3.11 — Rádio *Simplex*

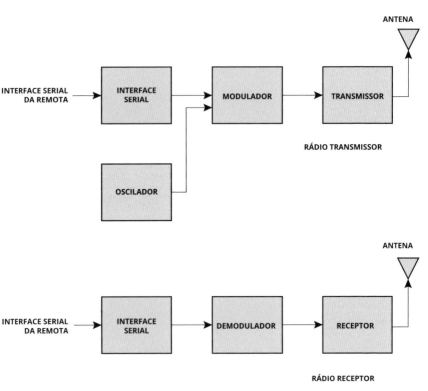

- **Sistema *Full-Duplex*:** permite o envio e o recebimento de dados simultaneamente, ou seja, as frequências de transmissão e de recepção são diferentes (fr≠ft). É como se tivéssemos dois sistemas simplex trabalhando paralelamente em direções opostas. É o mais caro dos sistemas de troca de dados por requerer um maior número de equipamentos.

Figura 3.12 — Rádio *Full-Duplex*

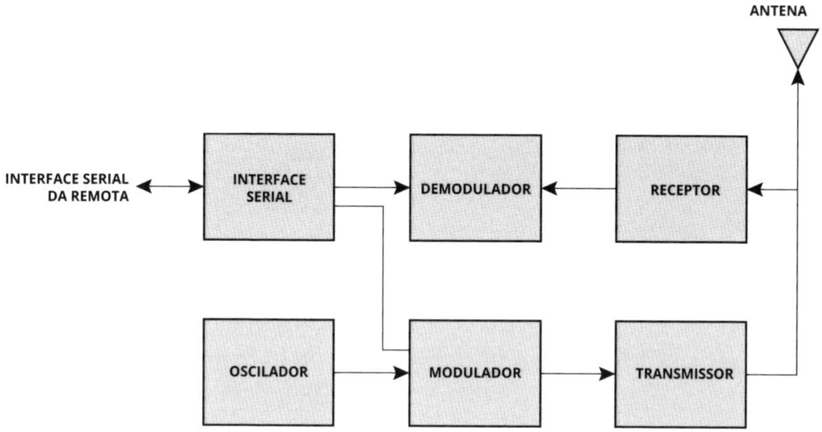

- **Sistema *Half-Duplex***: neste sistema o mesmo rádio pode transmitir ou receber, utilizando a mesma frequência (ft=fr) para isso. Este sistema pode ser utilizado quando não se faz necessária a troca de dados simultaneamente, conforme a maioria dos protocolos permite, diminuindo o custo do equipamento utilizado e simplificando o método de comunicação de dados.

Figura 3.13 — Rádio *Half-Duplex*

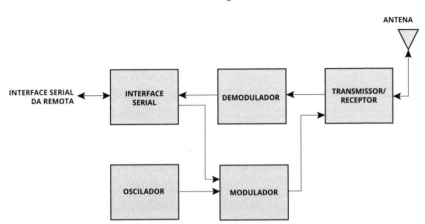

A escolha do método de troca de dados mais adequada nos sistemas SCADA dependerá das necessidades do sistema.

3.3.1.1. Conceitos de Radiopropagação

As ondas de rádio contendo informações são formadas pela conversão na antena, da energia elétrica produzida pelo transmissor em campo magnético. Essas ondas magnéticas se propagam através do espaço. Uma outra antena, a de recepção, intercepta uma pequena quantidade da energia deste campo convertendo-a em energia elétrica, que é amplificada pelo receptor.

As características de propagação de uma onda de rádio são elementos que afetam diretamente o alcance e a performance do sistema de comunicação. A principal consideração são as perdas no meio entre o transmissor e o receptor. Os fatores que influenciam essas perdas são os obstáculos e a atenuação (diminuição) da energia irradiada.

A melhor forma de comunicação é obtida quando se tem "visada direta" entre a antena transmissora e a receptora sem nenhuma obstrução. Porém, a curvatura da terra limita o comprimento da linha de visada. Se as antenas estiverem muito distantes, a própria terra bloqueará a onda. O máximo comprimento de uma linha de visada é determinado pela altura da antena e pode ser limitado pela existência de obstáculos, tais como montanhas, prédios etc.

3.3.1.2. Faixas de Frequência

A escolha das faixas de frequência nas quais os rádios irão trabalhar dependem de alguns aspectos importantes como:

- Método de Troca de Dados: o sistema Full-Duplex requer duas frequências, uma para transmissão (Fx) e outra para recepção (Fy), que implica numa largura de banda necessariamente maior do que para o sistema Half-Duplex.

- Tipo de Modulação: todo método de modulação se dá pela composição de um sinal modulador com uma portadora. Esta composição resulta em frequências diferentes.

- Largura de Banda: necessária para atender a Taxa de Transmissão dos dados. Para uma taxa de transmissão de 1200bps (bits por segundo) é necessário no mínimo uma largura de banda de 3kHz.

- Faixas de frequência disponíveis na região do sistema SCADA: as faixas de frequência são alocadas pelos órgãos governamentais (no Brasil, pela ANATEL).

Não devemos esquecer que, somada à faixa de frequência necessária ao atendimento dos requisitos acima, ainda temos uma faixa de segurança da ordem de algumas centenas de Hz para que não ocorram sobreposições entre sistemas irradiantes produzindo interferências.

Sinais de rádio costumam sofrer refrações e reflexões, mas as frequências mais altas sofrem menos refrações do que as mais baixas. Os sistemas de telemetria têm utilizado a faixa de frequência compreendida entre 300MHz e 3GHz, chamada de UHF (*Ultra High Frequency*) com o inconveniente da necessidade de uma melhor visada direta quanto maior for a frequência. As soluções de rádio adotadas para telemetria utilizam predominantemente três faixas:

- UHF (450-470MHz)
- Faixa de 900MHz (902-960MHz)
- Faixa de 2,400 a 2,4835GHz

3.3.1.3. Tipos de Modulação

Modular um dado transformando-o num sinal, seja ele digital ou analógico, para que este possa ser transmitido por um determinado meio de comunicação, é equivalente a pegar uma carta escrita a mão colocar num envelope devidamente endereçado, levá-lo ao correio mais próximo e enviá-lo por um determinado meio de transporte.

Iremos a seguir conhecer os tipos de modulação mais utilizados nos sistemas de rádio adotados nos sistemas SCADA.

Não é objetivo deste texto entrar em detalhes nesse assunto de bastante complexidade e que é objeto de estudo em livros de telecomunicações, e sim apenas apresentar alguns dos tipos de modulação.

Modulação em Frequência (FM)

Neste tipo de modulação, a frequência da portadora é alterada de acordo com a informação que será transmitida (sinal modulante).

Os rádios realizam a transmissão de dados mediante este tipo de modulação utilizando a menor largura de banda possível. Para uma taxa de transmissão de 9600bps tem-se uma largura de banda de 12,5kHZ e para 19 200bps tem-se 25kHZ.

Modulação por Chaveamento de Frequência FSK
(Frequency Shift Keying)

Baseia-se no envio de um sinal através de somente duas frequências. Atribui ao nível 0 uma frequência de 2200Hz e para o nível 1, uma frequência de 1200Hz, transmitindo informações em no máximo 1200bps. Esse tipo de modulação é bastante utilizado quando o dado a ser transmitido é digital. Por exemplo, Protocolo HART.

Modulação por Espalhamento Espectral
(Spread Spectrum)

Os rádios que transmitem sinais modulados por espalhamento espectral trabalham em duas faixas de frequência: de 902 a 928MHz e de 2,400 a 2,4835GHz. Em ambas a potência máxima transmitida não passa de 1W o que faz com que os mesmos sejam apropriados para trabalhar em sistemas não licenciados.

Duas técnicas de modulação por espalhamento espectral são as mais conhecidas, a saber:

Espalhamento Espectral por Salto de Frequência FHSS
(Frequency Hopping Spread Spectrum)

Esta técnica consiste na utilização de saltos pseudoaleatórios nas frequências utilizadas em uma modulação do tipo FSK (Chaveamento de Frequência) porém, em vez de utilizar frequências f1 e f2 pré-definidas, as frequências utilizadas para se transmitir 0 ou 1 são alteradas de acordo com uma sequência pseudoaleatória gerada.

A portadora periodicamente a cada 125m salta entre diversas frequências discretas numa sequência complexa, ou seja, um sinal é transmitido sob 1019 frequências distribuídas através de oito zonas configuráveis com 128 frequências cada.

Um mesmo sistema apresenta a possibilidade de 65.536 endereços, ou seja, 65.536 formas de saltar entre as frequências. Estes endereços são configurados em cada rádio que, para que o sistema funcione adequadamente, deverão ter a mesma semente.

Com esse espalhamento, conseguimos um melhor desempenho do sistema, melhorando sua imunidade a ruídos e impedindo que uma pessoa que não conheça a sequência de saltos consiga escutar a transmissão.

Figura 3.14 — Exemplo de FHSS

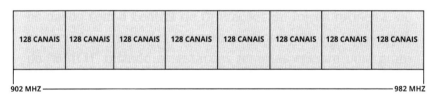

Espalhamento Espectral por Sequência Direta DSSS (*Direct Sequence Spread Spectrum*)

Esta técnica é mais utilizada para a faixa de frequências de 2,400 a 2,4835GHz, tipicamente em topologias ponto a ponto, podendo com restrições de distância trabalhar em ponto-multiponto. Apresenta uma largura de banda de até 16MHz que possibilita a transmissão de dados a uma taxa de até 11Mbps. Devido à faixa na qual este sistema atua, se faz necessária a visada direta, e o alcance típico para duas estações está em torno de 17 a 25km.

A técnica de Sequência Direta consiste na utilização de sequências de pseudorruído, em conjunto com uma modulação em Fase (PSK), de modo que a fase do sinal modulado varie aleatoriamente de acordo com esse código PN (*pseudo-noise*). O código PN consiste em sequências de 1s e 0s, a uma taxa maior que a taxa dos bits de transmissão. As sequências possuem baixos valores de autocorrelação, de modo que a demodulação só possa ser feita utilizando a mesma sequência utilizada na modulação, sendo que se outra sequência diferente for utilizada, o sinal obtido será próximo de zero.

Como exemplo, o padrão IEEE 802.11 DSSS define também um código PN de 11 bits para a codificação dos símbolos, chamado de sequência de **Barker**. Cada sequência de 11 bits será utilizada para codificar um ou dois bits, de acordo com a taxa utilizada, gerando, então, os símbolos, que serão transmitidos à taxa de 1Msps (megassímbolos por segundo). Para efeito de informação, os códigos da sequência de **Barker** serão gerados a partir da seguinte sequência: +1, −1, +1, +1, −1, +1, +1, +1, −1, −1, −1.

3.3.1.4. Licenciamento

Normalmente a potência transmitida pelo sistema de comunicação é o elemento que define a necessidade ou não de licenciamento. Sistemas com potências até 0,5W não requerem licenciamento e podem transmitir até 10km, distância esta que pode atender uma grande parte dos sistemas SCADA. Um sistema sujeito a licenciamento tem sua potência entre 1 e 25W e pode atingir distâncias entre 15 a 40km.

3.3.1.5. Topologia

As topologias mais comuns empregadas em sistemas de comunicação por rádio são a Ponto a Ponto e a Estrela, que em radiocomunicação é dita ponto-multiponto.

Para os sistemas SCADA temos, como exemplo, na topologia ponto a ponto a central de operações se comunicando com uma estação remota e vice-versa. Na ponto-multiponto temos a central de operações se comunicando com várias remotas simultaneamente.

Figura 3.15 — Topologias Ponto a Ponto e Ponto-Multiponto

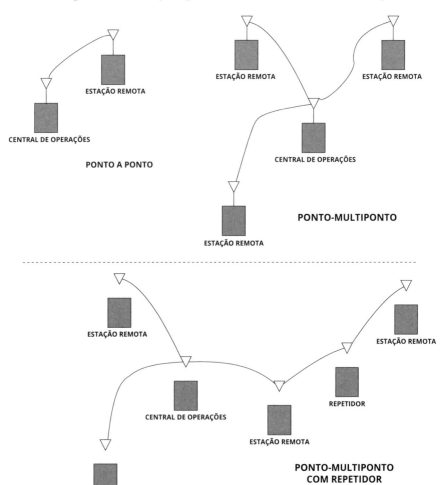

3.3.1.6. Atrasos

Comunicações que utilizam rádio podem apresentar atrasos na transmissão do sinal. Esses atrasos ocorrem devido às características construtivas dos rádios, uma vez que se trata de elementos de características fortemente indutivas. Os principais atrasos são o tempo para o estabelecimento do sinal da portadora no ar e o de sua retirada. Mesmo depois do término de uma comunicação, a portadora permanece ativa com sua amplitude decrescente, até seu desaparecimento.

Nenhum outro sinal pode ser transmitido no mesmo meio enquanto perdurarem os efeitos apresentados.

Esses atrasos não são significativos aos sistemas SCADA, mas devem ser tratados adequadamente para que os dados não sejam perdidos.

3.3.1.7. Antenas

O tipo de antena a ser empregado é o que definirá o espalhamento do sinal e consequentemente os pontos que irão recebê-los ou não de forma simultânea.

Ligações ponto a ponto adotam antenas direcionais como é o caso das YAGs ou as tipo concha, e as ligações ponto-multiponto utilizam as antenas Omnidirecionais, que geralmente apresentam ganho muito menor e um espalhamento maior do que as anteriores. As antenas Omnidirecionais irradiam um sinal em um feixe horizontal de 360° uniformemente, formando, portanto, praticamente uma esfera. Já as direcionais concentram a energia do transmissor em uma determinada direção e, diferentemente das anteriores, possuem um diagrama de irradiação na forma hemisférica ou cilíndrica.

O alcance de um sistema de rádio depende fundamentalmente da potência irradiante gerada, da frequência de operação, e do ganho dB (perda) na antena e no cabo que interliga a antena ao transmissor ou receptor.

É apresentada a seguir uma tabela que relaciona a faixa de frequência com a taxa de transmissão para as soluções mais comuns do mercado:

Tabela 3.2 — Faixas de Frequência x Taxa de Transmissão

Faixa de Frequência	Taxa de Transmissão	Tipo
350-512MHz (grande alcance)	até 9600bps	Ponto-multiponto
850-960MHz (grande alcance)	até 9600bps	Ponto-multiponto
900-928MHz Spread Spectrum	até 19200bps	Ponto-multiponto
350-512MHz (baixo alcance)	até 384kbps	Ponto-multiponto
850-960MHz (baixo alcance)	até 384kbps	Ponto-multiponto
2,4-2,48GHz Spread Spectrum	até 11Mbps	Ponto a ponto

Fonte: Autor

3.3.2. TELEFONIA

A telefonia é um meio de comunicação utilizado em sistemas SCADA principalmente quando o espalhamento geográfico das estações remotas se dá em áreas urbanas. Um sistema de telefonia, a menos que seja construído especificamente para o sistema SCADA, é um serviço prestado por terceiros e, portanto, a performance do mesmo deve ser garantida pela prestadora, pois independe da equipe de gestão do sistema SCADA.

As áreas urbanas são as mais apropriadas ao uso de um sistema de telefonia, pelo fato de já possuírem infraestrutura para esse tipo de solução, porém, são elas as mais inadequadas ao uso de rádio por apresentarem muitos obstáculos, impossibilitando a visada direta e impedindo, desta forma, a adoção de um espalhamento espectral, ou por terem seu espectro licenciado totalmente utilizado (táxis, polícia, empresas, hospitais, celulares, entre outros).

Existem dois tipos de serviços normalmente prestados pelas companhias telefônicas:

3.3.2.1. Linha Discada

É o serviço padrão. A interligação entre duas estações se dá conforme mostra a figura a seguir:

Figura 3.16 — Linha Discada de Telefonia

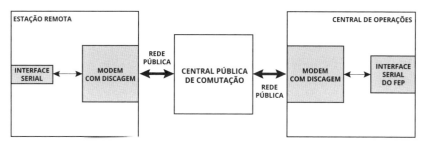

Quando há a necessidade de se estabelecer uma comunicação, a central de operações, por exemplo, solicita ao modem através da interface serial, que disque o número do telefone da estação remota com a qual deseja se comunicar. O modem aguarda a liberação da central pública de comutação (tom de linha) e introduz o sinal de discagem (multifrequencial ou pulso). A central pública realiza a comutação e direciona a chamada para a estação remota. Ao perceber uma chamada, o modem da estação remota atende e envia o sinal de conexão que, ao ser recebido pela central de comutação, coloca a portadora na linha e após o tempo de estabilização desta, libera a interface serial para enviar os dados. A estação remota recebe os dados da central de operações e quando percebe o desaparecimento da portadora gerada pela central de comutação inicia de forma análoga o envio da resposta.

Um sistema de comunicação por linha discada para aplicação em sistemas SCADA é **Half-Duplex**.

A transmissão dos dados tem obrigatoriamente que utilizar o mesmo meio em que a voz é transmitida. A adoção de modems com frequência da portadora em 1700kHz mediante modulação FSK que define uma frequência de 1200Hz para o nível 1 e 2200Hz para o nível 0 é muito usual, pois desta forma a largura de banda fica restrita a 1200bps.

Uma comunicação através de linha discada deve levar em consideração alguns atrasos adicionais, como o de central livre (tom de linha), tempo de discagem, tempo de atendimento da estação chamada, tempo de estabilização da portadora e tempo de permanência da portadora residual.

3.3.2.2. Linha Privada de Comunicação de Dados (LPCD)

É o serviço de telefonia que oferece um sistema exclusivo para a interligação entre dois pontos de um sistema SCADA. A interligação se dá conforme mostrado na figura a seguir:

Figura 3.17 — Linha Privada de Comunicação de Dados

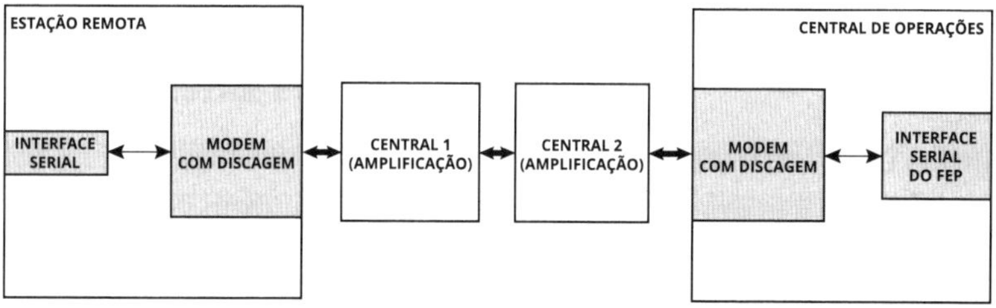

Normalmente os contratos que são feitos com as prestadoras de serviços utilizam como parâmetros a distância entre dois pontos e a taxa de transmissão de dados, que variam de 2400bps a 2Mbps.

Cada central existente entre dois pontos serve para amplificar o sinal para que o mesmo tenha a potência necessária para que possa ser recebido pelo modem da estação destino. Neste caso a potência de transmissão do modem deve ser dimensionada levando-se em consideração a distância entre este e a primeira central de ligação.

As distâncias envolvidas podem requerer a passagem por um maior número de centrais, o que gera atrasos devido a amplificação necessária. Para evitar assincronismo entre uma transmissão e uma recepção, são utilizados dois pares de fios, sendo um para recepção (Rx) e um para transmissão (Tx), fazendo com que a comunicação seja Full-Duplex.

A comunicação através de linha privada pode ser isenta de atrasos de acesso e encerramento como é o caso das linhas discadas. A linha está sempre disponível e a central bem como seus equipamentos não são compartilhados, além de na maioria dos casos a portadora está sempre presente, evitando-se o tempo de estabilização e o rabo de *Squelsh*.

3.3.2.3. Linhas Particulares Dedicadas

Quando a região onde será instalado um sistema de telemetria for totalmente desprovida de serviços de telefonia, e as estações se distribuírem de forma geográfica unidimensional (em linha), como é o caso de oleodutos, gasodutos, adutoras, canais de irrigação, deve-se estudar a possibilidade de construção de uma linha de telefonia particular e dedicada ao uso pelo sistema.

Em alguns casos esta linha pode também ser utilizada para transmissão de voz e de imagem, auxiliando as atividades de manutenção e segurança patrimonial.

Essas linhas geralmente não são discadas, o que evita a instalação de uma central para comutação, não apresentando assim as desvantagens correspondentes a estas. Elas ligam diretamente dois ou mais pontos do sistema através de pares de fios metálicos e são arranjadas mediante duas topologias:

- **Ponto a Ponto**

    Nesta topologia duas estações são ligadas através de um ou dois pares de fios conectados a dois modems, sendo um em cada ponto.

    Para aplicações em telemetria entre uma estação remota e a central de operações são adotados modems com uma taxa de transmissão de até 19.200bps. Estes modems podem alcançar uma distância de transmissão de 18km. Esta distância pode ser ampliada com a diminuição da largura de banda.

    Figura 3.18 — Linha Particular Topologia Ponto a Ponto

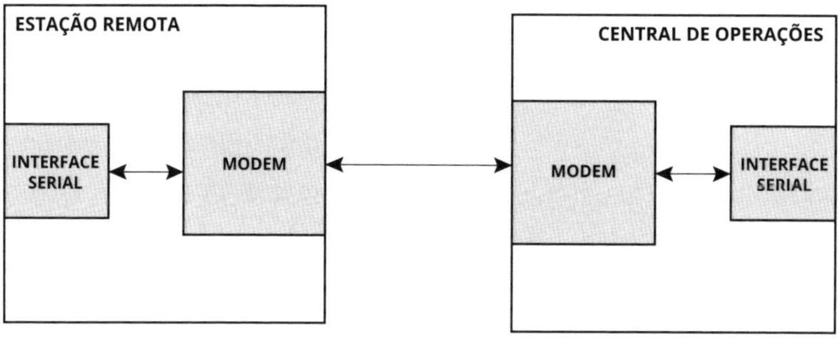

- **Multiponto**

    Nesta topologia várias estações (até 256) são ligadas através de dois únicos pares de fios formando um barramento como mostrado na figura a seguir:

    Figura 3.19 — Linha Particular Topologia Multiponto

Os modems multipontos utilizados transmitindo a uma taxa de transmissão de 19.200bps podem atingir uma distância de 8km e para taxa de transmissão de 1200bps, uma distância de aproximadamente 18km.

Estes sistemas de comunicação utilizam protocolos do tipo Mestre-Escravo na maioria das aplicações, podendo também utilizar comunicação por exceção sem nenhum problema, dependendo da aplicação.

3.3.3. TRANSMISSÃO DE DADOS PELA REDE ELÉTRICA

Este meio de comunicação é voltado principalmente à transmissão de energia elétrica, porém algumas aplicações relativas a outros setores são também possíveis.

Um sistema denominado *"carrier"* utiliza uma frequência portadora para transmitir informações através dos cabos de energia elétrica. Para aplicações em linhas de transmissão e distribuição, as frequências portadoras operam na faixa de kHz. A informação é codificada sobre a portadora através do uso de modulação em amplitude (AM), modulação em frequência (FM) e em alguns casos pode ser utilizada a modulação por chaveamento de frequência (FSK).

O sinal modulado na estação remota que envia a informação é injetado na rede elétrica até a central de operações. Na central de operações um capacitor de acoplamento e um demodulador separam o sinal *"carrier"* da frequência da rede (60Hz) e extrai a informação codificada do sinal. As linhas devem ser dotadas de dispositivos que não permitam que o sinal *"carrier"* trafegue por caminhos indesejáveis.

Nestes sistemas de comunicação empregam-se frequências de 5 a 20kHz transmitindo informações em torno de 1200bps.

Para efeito de curiosidade, alguns protocolos utilizados em automação residencial e predial utilizam este tipo de solução, como é o caso do protocolo PLC-X10 e do LonWorks.

3.3.4. FIBRA ÓPTICA

O uso de fibra óptica como meio de comunicação possibilita a transmissão de dados, vídeo e áudio em altas taxas de transmissão e distâncias consideráveis, e podem apresentar dois tipos de modulação para a transmissão de sinais: a analógica e a digital sendo, Modulação por Código de Pulso (PCM) ou a Multiplexação por Divisão de Tempo (TDM).

As técnicas de modulação digital são totalmente imunes a ruídos, já as analógicas, embora não sofram interferências eletromagnéticas durante a transmissão, apresentam ruídos originados na repetição e amplificação onde ocorrem duas conversões eletro-ópticas.

As fibras ópticas são constituídas por um núcleo, uma casca e um revestimento, como mostrado na figura a seguir.

Figura 3.20 — Constituição de uma Fibra Óptica

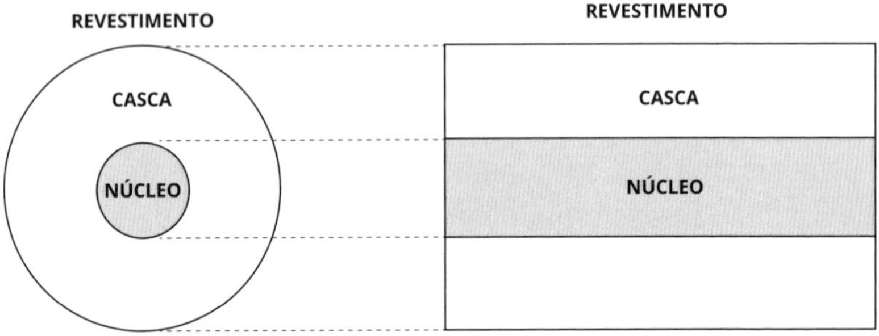

São utilizados dois tipos de fibras em função de suas características de trabalho, a multímodo e a monomodo.

3.3.4.1. Fibras Multímodo

Foram as primeiras a serem comercializadas. Por terem o núcleo maior do que as monomodo, permitem que vários raios luminosos denominados "modos" se propaguem simultaneamente em seu interior. São classificadas em dois tipos:

Multímodo de Índice Degrau:

Estas fibras possuem um núcleo composto por um material homogêneo de índice de refração constante e sempre superior ao da casca. As fibras deste tipo possuem mais simplicidade em sua fabricação e, por isso, possuem características inferiores aos outros tipos de fibras. A banda passante é muito estreita, o que restringe a sua capacidade de transmissão. As perdas sofridas pelo sinal transmitido são bastante altas quando comparadas com as fibras monomodo, o que restringe suas aplicações com relação à distância e à capacidade de transmissão.

Multímodo de Índice Gradual:

Estas fibras possuem um núcleo composto com índices de refração variáveis, que é conseguido dopando-se o núcleo da fibra com doses diferentes, o que faz com que o índice de refração diminua gradualmente do centro do núcleo até a casca. Esta variação permite a redução do alargamento do impulso luminoso. Na prática esse índice faz com que os raios de luz percorram caminhos diferentes, com velocidades diferentes, e que cheguem à outra extremidade da fibra ao mesmo tempo praticamente, aumentando assim a banda passante e, consequentemente, a capacidade de transmissão da fibra. São fibras mais utilizadas que as de índice degrau.

3.3.4.2. Fibras Monomodo

Estas fibras possuem o núcleo menor que os da multímodo e, portanto, apresentam um único modo de propagação, ou seja, os raios de luz percorrem o interior da fibra por um só caminho. Diferenciam-se também pela variação do índice de refração do núcleo em relação à casca, e são classificadas em índice degrau standard, dispersão deslocada (*dispersion shifted*) ou *non-zero dispersion*.

As características dessas fibras são muito superiores às multímodos. A banda passante é mais larga, o que aumenta a capacidade de transmissão. Apresentam perdas mais baixas, aumentando, com isto, a distância entre as transmissões sem o uso de repetidores de sinal.

As fibras monomodo do tipo dispersão deslocada (*dispersion shifted*) têm concepção mais moderna e apresentam características com muitas vantagens como baixíssimas perdas e largura de banda mais larga. Entretanto, apresentam desvantagens quanto à fabricação, que exige técnicas avançadas e de difícil manuseio (instalações, emendas), com custo muito superior quando comparadas com as fibras do tipo multímodo.

A seguir são apresentadas algumas características das fibras anteriores:

Fibra Multímodo

Coeficiente típico de atenuação	3,5db/km
Ganho típico dos repetidores/amplificadores	10 ou 20db
Distância típica de transmissão	2,5 a 5km
Largura de Banda	600Mhz

Fibra Monomodo

Coeficiente típico de atenuação	0,35db/km
Ganho típico dos repetidores/amplificadores	10 ou 20db
Distância típica de transmissão	25 a 50km
Largura de Banda	> 3GHz

Como pode ser observado, um fator limitante à utilização de fibra ótica é a distância, embora sejam muito superiores às envolvidas com cabos metálicos. A forma de ampliar a utilização de fibras é pelo uso de repetidores ao longo da linha. Em termos práticos, o número de repetidores se limita a aproximadamente trinta, possibilitando a construção de uma linha de até 1500km com fibras monomodo.

A atenuação de um trecho de fibra se dá sempre devido ao número de emendas (0,5db/emenda) que tipicamente são feitas a cada 3km. Distâncias maiores podem ser atingidas com o comprometimento da redução da largura de banda, fato este que na maioria dos casos não inviabiliza seu emprego devido à possibilidade do uso de bandas estreitas.

3.3.5. SATÉLITES

A comunicação de dados por satélites ainda não apresenta custos competitivos em relação às anteriormente apresentadas, porém ela é a única que não possui nenhuma restrição técnica para sua aplicação.

A maioria dos satélites utilizados encontra-se em órbitas geoestacionárias. Também existem os satélites de órbita baixa (LEO) e os satélites de órbita elíptica alta (HEO).

Devido a tecnologia envolvida, o meio de comunicação apresenta uma disponibilidade de quase 100%. Os satélites mais utilizados em sistemas SCADA baseiam-se nas soluções apresentadas pelo sistema INMARSAT e ORBCOM (Estações Portáteis) e no sistema VSAT (estações fixas), sendo que nestes últimos praticamente todos os trechos da comunicação são suportados por satélites. Nas estações remotas e na central de operações são instalados equipamentos de alto consumo e grandes dimensões (conchas).

As máximas taxas de transmissão usualmente adotadas estão em torno de 64kbps facilitando a utilização do protocolo TCP/IP, com a instalação de roteadores. A figura a seguir mostra um exemplo de comunicação por satélite para sistemas SCADA.

Figura 3.21 — Comunicação por Satélite

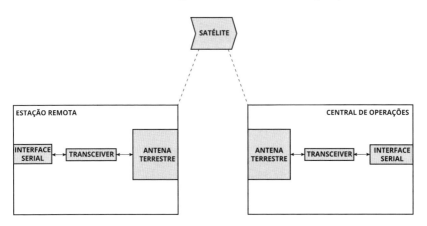

3.3.6. APLICAÇÃO E COMPARAÇÃO

Escolher o meio de comunicação mais apropriado para uma solução SCADA é sempre muito difícil e é quase impossível afirmar de antemão que um meio seja melhor ou mais barato do que outro. É necessário fazermos uma análise criteriosa em função de uma série de fatores e características pertinentes a cada sistema de comunicação e também do sistema SCADA onde estes serão implementados. As perguntas elencadas abaixo servem para facilitar essa escolha. Ao projetar qual o melhor sistema de comunicação, deve-se levar em consideração:

- Quais recursos públicos de comunicação estão disponíveis na região onde o sistema SCADA será implementado?
- Quais protocolos que deverão ser utilizados?
- Quais são as taxas de transmissão de dados adequadas à operação do processo?
- Qual é o custo de instalação e manutenção dos equipamentos que se pretende empregar?
- Qual a taxa de utilização do sistema de comunicação?
- Qual o custo dos serviços que podem vir a ser contratados de alguma prestadora?

Ao responder essas perguntas deve-se sempre considerar a possibilidade de em um mesmo sistema SCADA adotarem-se várias soluções, formando assim um sistema híbrido de comunicação e, neste caso, o problema das diferenças de velocidade, protocolos e meios, seria solucionado pelo Processador de Fronteira (FEP).

É apresentada a seguir uma tabela comparativa dos principais meios de comunicação em termos de velocidade de transmissão.

Tabela 3.3. — Taxas de Transmissão de Dados
dos Meios de Comunicação

Meios de Comunicação	Taxa de Transmissão de Dados (bps)
Rádio	
UHF	300 a 9600
Spread Spectrum 900MHz	19200
Spread Spectrum 2,4GHz	2M a 10M
Telefonia	
Linha Discada	1200
Linha Privada	2M
Linha Particular Multiponto	2400
Carriers	1200
Fibra Óptica	3G
Satélites	
Estações Portáteis	600 a 2400
Estações Fixas	64k

Fonte: Autor

3.4. PROCESSADOR DE FRONTEIRA (FEP — FRONT END PROCESSOR)

Todos os dados do processo se concentram na central de operações, sendo que a maior parte deles é gerado nas estações remotas e chegam à central utilizando-se dos diversos meios de comunicação, sob diversos protocolos e com diferentes velocidades. A central de operações, por sua vez, também envia uma série de dados para as estações remotas.

Os dados chegam à central de operações de forma assíncrona, ou seja, não seguem uma sequência lógica. Além disso, são utilizados diferentes protocolos de comunicação, definidos em função dos diversos meios de comunicação utilizados para que esses dados cheguem adequadamente. É necessário, portanto, que se faça uma adequação nesses dados para que possam ser disponibilizados na rede local da central de operações e utilizados pelas diversas aplicações que fazem parte desta, inclusive pelo software supervisório.

Para que se tenha esta adequação e também uma apropriada modularidade funcional do sistema SCADA, é comum a adoção de um elemento no sistema de comunicação que se denomina Processador de Fronteira (FEP), fronteira esta definida no limite entre a central de operações e o sistema de comunicação.

O Processador de Fronteira (FEP) é a interface física e lógica entre o sistema de comunicação com o campo (estações remotas) e a rede local (LAN) da central de operações.

Figura 3.22 — Esquema de Comunicação de um Processador de Fronteira

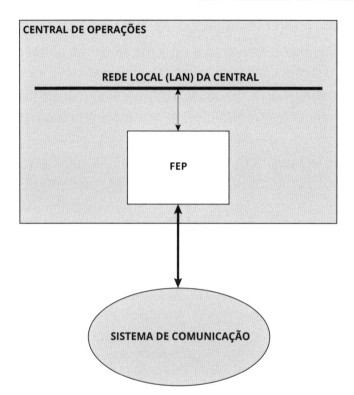

Trata-se de um equipamento microprocessado, capaz de trabalhar de forma autônoma em relação às demais estações de um sistema SCADA, e que pode ser configurado para realizar as seguintes funções:

- Coletar todos os dados do processo das estações remotas;
- Pré-processar os dados coletados para posterior uso pelas estações da central de operações;
- Receber comandos das estações da central de operações e distribuí-los para as estações remotas;
- Realizar a comunicação através de diversos meios, sob diferentes protocolos e em diferentes velocidades;
- Direcionar dados trocados entre estações remotas que não estejam sob um mesmo meio de comunicação ou cujo protocolo utilizado por elas não o permita;
- Realizar funções de controle cujas variáveis participantes não estejam presentes na mesma estação remota. Por exemplo, controlar o nível de um reservatório cujo transmissor de nível esteja na remota "A" e a válvula de enchimento na remota "B".
- Executar algoritmos de emergência quando as unidades da central de operações estiverem fora de operação.

As principais vantagens de se adotar processadores de fronteira em soluções SCADA são:

- Independência funcional em relação às demais estações da central de operações;
- Independência dos protocolos das estações remotas;
- Adaptação aos diferentes meios de comunicação;
- Padronização das comunicações com diferentes softwares de supervisão e controle;
- Escalabilidade.

O processador de fronteira pode também ser configurado para realizar a datação dos dados caso o processo exija e as estações remotas não possuírem essa função.

Outra função normalmente atribuída aos FEPs é a sincronização horária de todo o sistema SCADA. Para tal, o mesmo realiza a interface com um GPS (*Geographic Position System*) que fornece um horário mundial, gerado no sistema de satélites, e, através de uma mensagem do tipo *broadcast*, poderá sincronizar todas as estações remotas conectadas a ele. O mesmo acontece caso o sistema SCADA seja dotado de vários FEPs.

3.4.1. TIPOS DE FEP

Os processadores de fronteira são constituídos por diversos equipamentos e sistemas com o objetivo de atender às funções apresentadas anteriormente. Os tipos mais comuns encontrados são:

3.4.1.1. Microcomputador padrão PC com placa de Interface Multisserial

Este tipo de FEP é constituído por um microcomputador PC com processador e capacidade de memória adequados para realizar todas as funções necessárias exigidas pelo sistema SCADA. Ele se integra com a rede local da central de operações através de uma placa de rede padrão ETHERNET TCP/IP e pode integrar-se com diversos modems do sistema de comunicação através de múltiplas interfaces seriais RS 232 ou RS 485.

Figura 3.23 — Tipo de FEP 1

[Figura 3.23: LAN DA CENTRAL conectada via ETHERNET TCP-IP ao FEP, que se conecta às INTERFACE SERIAL 1, 2, 3, ... N]

3.4.1.2. Conjunto de Gateways

Este FEP se compõe de diversos módulos com funções de gateways que se integram individualmente com a rede local da central de operações através do padrão ETHERNET TCP/IP e com diversos modems do sistema de comunicação através de interfaces seriais RS 485 ou com um único modem através de interface serial RS 232.

Figura 3.24 — Tipo de FEP 2

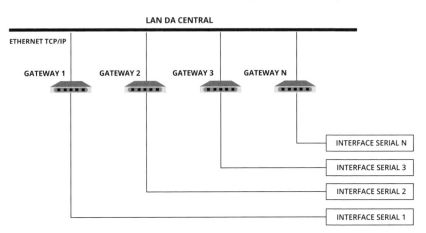

3.4.1.3. Controlador Lógico Programável (CLP) de Alta Capacidade

Este tipo de FEP é constituído por um controlador lógico programável de alta capacidade de processamento e de memória e se integra com a rede local da central de operações através de uma placa módulo ETHERNET TCP/IP e pode se integrar com os diversos modems do sistema de comunicação diretamente através de placas com módulos de interfaces seriais RS 232, ou através de uma pequena rede em barramento através da interface serial RS 485.

Figura 3.25 — Tipo de FEP 3

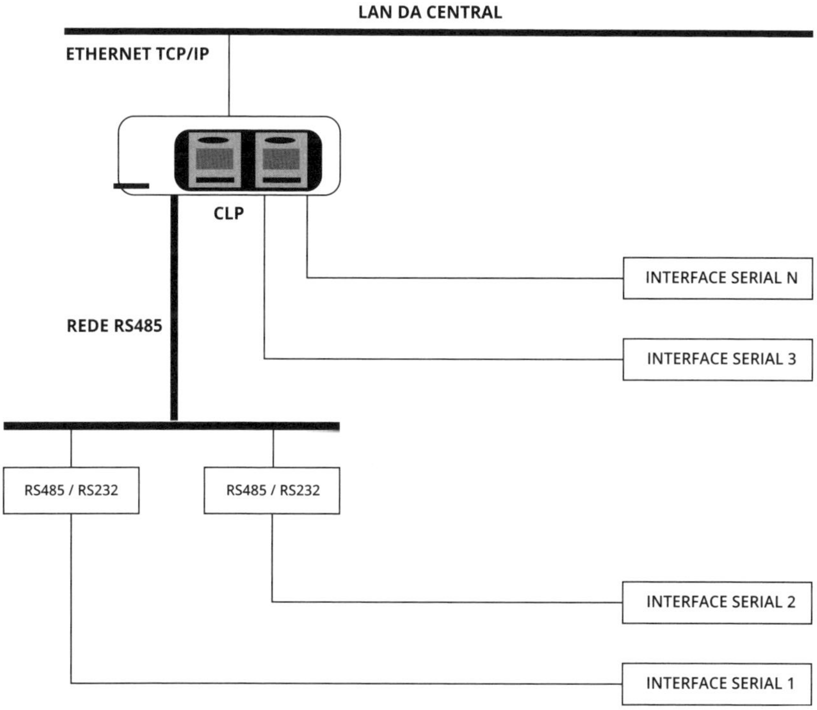

3.5. REDE LOCAL (LAN — LOCAL AREA NETWORK)

Uma central de operações é composta por diversas estações de trabalho, que se comunicam entre si através de um meio de comunicação denominado rede local (LAN — Local Area Network). O conceito de rede local baseia-se no fato de que todos os elementos que dela participam estão fisicamente próximos, por exemplo, em um mesmo prédio, sala ou planta.

Uma rede local é formada por elementos ativos e passivos. Os elementos passivos são os que estabelecem o meio físico e a conexão a estes (hubs, cabos, placas). Os elementos ativos, por sua vez, estabelecem caminhos e acessos (módulos de interfaces, switches, roteadores).

Cada estação de uma central de operações conectada na LAN possui um módulo para se conectar ao meio físico e realizar a comunicação com as demais estações.

O padrão estabelecido, para o protocolo de comunicação em uma rede local, é o Ethernet TCP/IP que atende as seis primeiras camadas do modelo OSI.

Uma rede local no padrão Ethernet apresenta as seguintes características básicas:

- Velocidade de transmissão de 10Mbps (Standard), 100Mbps (Fast Ethernet) e 1Gbps (Gigabit Ethernet), em Banda Base;

- Meio físico cabo metálico, fibra ótica ou rádio (rede wireless);
- Topologia em barramento;
- Acesso multimestre entre todas as estações conectadas;
- Comunicação ponto a ponto (origem e destino), não realizando função de Broadcast.

O acesso ao meio físico é totalmente aleatório, sendo passível de colisões, devido a simultaneidade de comunicação pelas estações. Em função disso, é utilizado o protocolo CSMA/CD (*Carrier Sense Multiple Access with Colision Detection*), que antes de uma estação iniciar uma transmissão, verifica se a rede está ou não livre. No caso de estar livre, a estação inicia a transmissão. No caso de haver colisão de dados na rede, devido a duas estações acessarem o meio ao mesmo tempo, a estação mais próxima à colisão emite um sinal de alta frequência que anula todos os dados que estiverem trafegando na rede e avisa as outras estações sobre a colisão, fazendo com que estas parem de transmitir.

O esquema básico de uma LAN típica é mostrado na figura a seguir:

Figura 3.26 — Esquema Básico de uma Rede Local

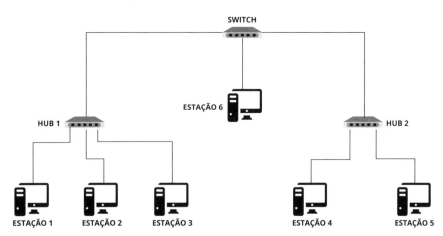

Os HUBs realizam a ligação física entre as estações a ele conectadas, formando o barramento da rede.

O SWITCH realiza a ligação física e lógica entre os elementos a ela conectados. Por exemplo, ele poderá definir uma rota para somente a estação 1 do hub 1 comunicar-se com as estações 4 e 5 do hub 2 e vice-versa; e uma rota para a estação 6 comunicar-se com as estações 1, 2 e 3 e vice-versa. A mesma também pode proporcionar a comunicação plena entre todas as estações (de 1 a 6).

3.6. REDES DE LONGA DISTÂNCIA (WAN — WIDE AREA NETWORK)

Uma WAN (Wide Area Network) é uma rede que apresenta cobertura regional e é composta por diversas redes locais (LAN).

Devido ao seu aspecto regional, uma WAN utiliza outros meios de comunicação, tais como telefonia, rádio, satélite. Como na maioria dos casos, estes meios não apresentam altas taxas de transmissão como os meios utilizados pelas redes locais, é necessário a utilização de equipamentos que adequem as altas taxas de velocidades das LANs às velocidades próprias dos meios físicos suportados pela WAN.

Estes equipamentos são denominados roteadores e se conectam diretamente a um hub ou a um switch de cada LAN.

Os roteadores, além de adequar as velocidades, também realizam a adequação do meio físico em uma WAN.

Uma mesma WAN pode trabalhar sob diversas taxas de transmissão e, no caso dos sistemas SCADA, sob diversos protocolos, e os roteadores possibilitam o perfeito gerenciamento do meio, mesmo considerando este problema.

Normalmente as taxas de transmissão encontradas em uma WAN variam de 19.200bps, quando as LANs são conectadas através de telefonia pública, satélite ou rádio, a 3Gbps ou mais, quando as LANs se conectam através de um sistema de fibras óticas próprio.

O conceito de WAN está ligado ao fato de que todos os elementos que dela participam, localizam-se em diversos locais dentro da região de abrangência do sistema SCADA. A figura abaixo apresenta o diagrama de uma WAN:

94 SISTEMA DE COMUNICAÇÃO

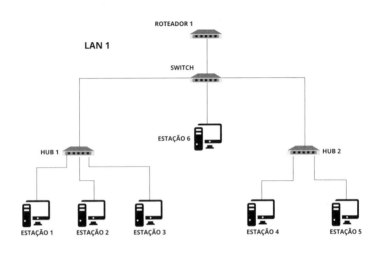

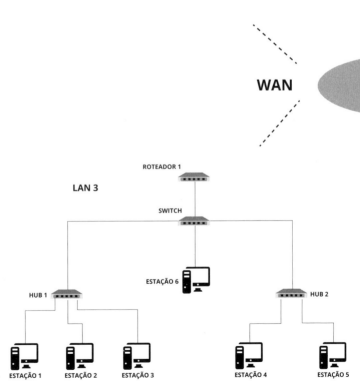

SISTEMA DE COMUNICAÇÃO **95**

Figura 3.27 — Esquema de uma Rede de Longa Distância

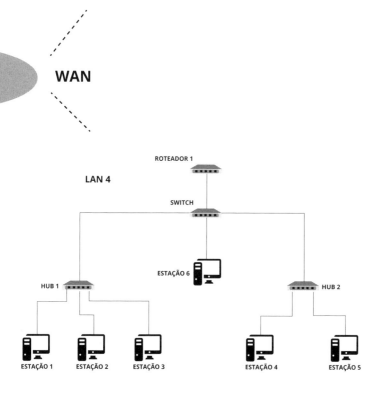

Alguns sistemas SCADA podem possuir, além da central de operações, centrais regionais de operações e, muitas vezes, em virtude da quantidade de dados existentes ou dos tipos de meios de comunicação disponíveis, a instalação dos FEPs deve ser feita em locais remotos à central. Quando isso ocorre, em virtude das altas taxas de troca de dados entre a central e os demais pontos, e da necessidade de funções operacionais nas regionais, se faz necessário um sistema de comunicação de alta velocidade utilizando protocolos avançados, que podem muito bem ser implementados em uma WAN.

Muitas vezes a própria comunicação entre estações remotas e central de operações se dá através de uma WAN.

Capítulo 4
ESTAÇÕES REMOTAS

São os elementos compostos pelos dispositivos que realizam de fato a Interface com o Processo (Instrumentação) e os dispositivos eletrônicos que realizam as demais funções associadas, ou seja, aquisição de dados, controle, atuação e comunicação.

Neste texto, a instrumentação será tratada como elementos fornecedores de sinais elétricos correspondentes às grandezas físicas, ou elementos que recebem sinais capazes de modificar as condições do processo.

De uma maneira geral, a estação remota funciona como uma interface entre o processo e a central de operações, principalmente onde existe uma distância considerável entre as duas.

Na figura a seguir é apresentado um diagrama de blocos simplificado de uma estação remota típica:

Figura 4.1 — Diagrama de Blocos de uma Estação Remota

4.1. FUNCIONALIDADE

As estações remotas devem ter a capacidade de realizar as seguintes funções básicas:

- Prover a comunicação com a central de operações, permitindo o envio do valor de variáveis de processo e do estado operacional de equipamentos, além do recebimento de comandos e informações para ajustes. Esta comunicação bidirecional é realizada através dos diversos meios de comunicação vistos anteriormente.

- Fazer a aquisição dos valores das variáveis contínuas do processo tais como vazão, pressão, nível e temperatura, opcionalmente já em unidades de engenharia, e também do estado das variáveis discretas, tais como, válvula aberta ou fechada, equipamento ligado ou desligado. A aquisição dos dados do processo normalmente é feita através de comunicação através das redes de campo "fieldbus" (Profibus, Modbus, entre outras).
- Fazer o tratamento das variáveis analógicas e discretas (linearizações, filtragens, raiz quadrada etc.).
- Realizar a escrita de valores analógicos para ajustes de elementos finais de controle (válvulas de controle, inversores de frequência etc.) e de comandos discretos (chaves, válvulas on/off etc.). Por exemplo, fazer com que uma válvula proporcional esteja com 40% de seu curso aberta, possibilitando assim uma melhor vazão na tubulação, ou então simplesmente ligar ou desligar uma bomba.
- Executar algoritmos de controle contínuo (PID), permitindo, por exemplo, ajuste de valores de *set-point*, modos de operação (manual/automático/cascata) e dos parâmetros de sintonia destes controladores.
- Executar cálculos com funções combinatórias lógico-booleanas (OU, E etc.) além de algoritmos de intertravamento e sequenciamentos.
- Prover a armazenagem temporária de dados, opcionalmente já com datação.
- Permitir o ajuste do relógio interno.

As estações remotas podem ainda ser configuradas para realizar diversas funções avançadas, conforme a exigência do processo. Algumas destas principais funções serão apresentadas a seguir:

- Prover Interface serial com instrumentação ou dispositivos eletrônicos inteligentes (IEDs) através de algum Protocolo de Campo (*"Fieldbus"*), e para isso deverá ser dotada de cartão de comunicação adequado.
- Algumas estações remotas possuem displays que permitem que se faça a interface homem-máquina local, o que pode vir a ser extremamente útil para alguns tipos de processos.
- Prover o armazenamento temporário de dados históricos de uma outra estação remota pertencente ao sistema SCADA para posterior envio à central de operações, operando neste caso como uma estação repetidora (*Storage and Forward*).
- Executar funções matemáticas, trigonométricas, logarítmicas e estatísticas com números inteiros e reais.
- Validar comandos ou ajustes recebidos da central de operações, antes do envio dos mesmos à instrumentação no campo, evitando, assim, o envio de comandos errados ou valores fora das faixas de atuação. (*Check before Operate*)
- Realizar o coprocessamento independente com a finalidade de implementação de funções pré-configuradas ou livremente configuradas em, por exemplo, linguagem "C". Como exemplo desta função, pode-se citar a execução dos algoritmos de correção de vazão com cálculo

da supercompressibilidade conforme normas AGA 7 e 8, muito utilizadas no setor de gás, ou então a execução de algoritmos para o cálculo de correntes, potência aparente e fator de potência para o setor elétrico.

4.2. ESTAÇÕES REMOTAS X CONTROLADORES LÓGICOS PROGRAMÁVEIS

A maioria das soluções para sistemas SCADA adota como estação remota dois tipos de equipamentos, os Controladores Lógicos Programáveis (CLP) e as Unidades Terminais Remotas mais conhecidas simplesmente por Remotas.

Embora existam diferenças importantes entre os CLPs e as Remotas, estes nomes se confundem muito. Atualmente, o desenvolvimento de ambos está convergindo para uma solução única em função do rápido desenvolvimento tecnológico dos controladores lógicos programáveis, onde foram agregadas diversas funcionalidades que somente existiam nas remotas. Hoje é possível verificar a existência de diversas soluções de sistemas SCADA onde se adotou o uso de CLPs no lugar das Remotas.

4.3. ESTAÇÕES REMOTAS DEDICADAS

Alguns elementos eletrônicos podem ser utilizados isoladamente como Estações Remotas desde que atendam de forma total ou parcial as funções básicas descritas anteriormente. Esses elementos são utilizados como dispositivos de campo e podem se comunicar diretamente com a central de operações ou se interligar aos CLPs ou às remotas para formar uma estação única. Apresentam-se a seguir alguns destes dispositivos disponíveis no mercado com suas principais características voltadas a aplicações em sistemas SCADA.

4.3.1. DISPOSITIVOS ELETRÔNICOS INTELIGENTES (IED)

Fazem parte deste grupo os elementos mais voltados a aplicações em sistemas de energia elétrica, como os Centros de Comandos de Motores (CCM) inteligentes, os relés digitais de proteção, os disjuntores inteligentes, os medidores de grandezas elétricas, entre outros.

São normalmente aplicados em processos constituídos por estações remotas que possuam somente motores, como é o caso de estações de bombeamento de oleodutos e adutoras, bem como em sistemas de transmissão e distribuição de energia elétrica constituídos por dispositivos de manobra e proteção e medição de grandezas elétricas.

No que diz respeito a integração, são mais aplicados a redes de campo e eventualmente a redes locais, inclusive com possibilidade do uso de protocolo TCP/IP.

Alguns desses elementos podem possuir dispositivos de entrada e saída analógicos e/ou discretos para interfaces em geral.

4.3.2. INSTRUMENTAÇÃO ANALÍTICA

Fazem parte deste grupo alguns analisadores denominados *"On-Process"* tais como os cromatógrafos, muito usados nas áreas de petróleo, petroquímica, química e siderurgia, os analisadores de cloro residual, usados na área de tratamento de água e efluentes líquidos, analisadores de qualidade do ar, usados na área ambiental, entre outros.

Suas aplicações estão voltadas a medição de parâmetros de qualidade onde a instalação de um único analisador atenda às especificações funcionais.

Se integram facilmente a ligações seriais ponto a ponto e eventualmente a redes de campo.

4.3.3. INSTRUMENTAÇÃO CONVENCIONAL

Alguns instrumentos convencionais mais modernos encontrados no mercado como os transmissores de pressão, temperatura, nível e vazão podem atender isoladamente às necessidades de uma estação remota, sendo inclusive dotados de alguns recursos adicionais de comunicação tanto para se comunicarem com outras remotas através das redes de campo, ou diretamente com a central de operações por outros meios de comunicação.

Podem ser aplicados, por exemplo, em estações de medição de vazão em trechos de adutoras ou oleodutos com a finalidade de detecção de vazamentos, em estações de medição de pressão em trechos de gasodutos com a mesma finalidade ou para inventário, em reservatórios, em estações de medição de nível em canais de irrigação, em estações de medição de temperatura para agrometeorologia etc.

Podem se integrar através das redes de campo e eventualmente a ligações seriais ponto a ponto.

4.3.4. VÁLVULAS INTELIGENTES DE CONTROLE

Estas válvulas usadas para bloqueio ou controle contínuo possuem atuação motorizada ou proporcionada pela energia (pressão) do próprio fluido.

São aplicadas em estações de controle de vazão e/ou pressão em adutoras, gasodutos ou oleodutos, estações de bloqueio de trechos para manutenção ou emergência.

Integram-se mais facilmente a redes de campo. Algumas destas válvulas possuem a possibilidade do uso de protocolo TCP/IP para integração direta com a central de operações via Internet.

4.3.5. COMPUTADORES DE VAZÃO DE GÁS

Os computadores de vazão (*flow computers*) são largamente utilizados no setor de gás. Este equipamento se confunde muito com uma remota clássica, porém seu grande diferencial se concentra no processamento das rotinas de cálculo da correção da medição de vazão mediante padrões internacionalmente reconhecidos (AGA).

São aplicados nas estações de medição de vazão de gás natural em trechos ou em pontos de redução de pressão e em estações de transferência de custódia.

Integram-se mais facilmente a ligações seriais ponto a ponto e eventualmente a redes de campo. As aplicações que utilizam esses equipamentos como estações remotas costumeiramente realizam a transferência de seus dados para a central de operações por bateladas em horários preestabelecidos (Batch), existindo ainda a possibilidade de conexão com a central mediante a ocorrência de algum evento ou alarme importante, ou sob solicitação desta.

Alguns computadores de vazão são intrinsecamente seguros, podendo ser instalados sem o uso de proteções adicionais, diretamente sobre as linhas do processo.

4.3.6. REGISTRADORES ELETRÔNICOS DE PRESSÃO

Os registradores eletrônicos de pressão (*pressure loggers*), assim como os computadores de vazão, são largamente utilizados no setor de gás com a finalidade de registrar, ao longo do tempo, os valores de pressão de uma rede de distribuição ou de um gasoduto, a montante e a jusante de um ponto de redução.

São aplicados em estações de redução de pressão de gás natural das redes públicas de distribuição.

Quanto a integração, são mais aplicados a ligações através de alguns meios de comunicação como os sistemas de telefonia. Apresentam as mesmas características dos computadores de vazão no que diz respeito a comunicação com a central de operações, apresentando também segurança intrínseca.

4.4. INTERFACE COM O PROCESSO

A interface entre os módulos de entrada e saída de uma estação remota ou de um CLP com os elementos ligados ao processo, ou seja, a instrumentação ou as estações remotas dedicadas, pode se dar de duas formas: direta (*Hardwired*), através de um par de fios, ou serial, através de redes de campo (*Fieldbus*).

Ambas as formas possuem padrões de interligação que cobrem tanto o lado do processo quanto o lado da estação remota. Sabe-se que os padrões voltados às ligações diretas estão mais consolidados e reconhecidos do que os padrões voltados às seriais, apesar destes estarem evoluindo constantemente e apresentarem um número considerável de aplicações. Vejamos a seguir cada uma das formas de interfaceamento.

4.4.1. INTERFACE DIRETA

A escolha dos padrões e normas utilizados para a interligação de uma estação remota a um elemento de campo, em termos práticos, leva em consideração se o elemento está instalado em uma área considerada CLASSIFICADA ou se o mesmo se encontra em uma área NÃO CLASSIFICADA ou adequadamente enclausurado.

Estas considerações são importantes quando se trata, por exemplo, de sistemas SCADA para os setores de óleo e gás. Os demais setores com raras exceções não precisam considerar a classificação de áreas.

Para as áreas não classificadas os padrões elétricos existentes para interfaces diretas são bastante comuns, e as estações remotas e a instrumentação se adequam perfeitamente a eles. Os padrões elétricos para os sinais analógicos são em corrente de 4-20mA e em tensão de 0-10Vcc, podendo ainda existirem sinais de corrente de 0-20mA e de tensão de 0-5Vcc. Para os sinais discretos, os padrões são em tensão sendo 24Vcc, 48Vcc, 115Vcc, 127Vca, 220Vca e 230Vca

Uma área é considerada classificada quando a mesma estiver sujeita a presença de gases, líquidos aspergidos (neblinas), poeiras e/ou fibras que na presença de uma fonte de calor possam causar uma explosão. A facilidade de explosão de cada elemento presente, seu tempo de permanência e sua frequência de presença é que definem o grau de classificação de cada área.

Quando um equipamento elétrico é instalado em uma área classificada deve-se observar cuidadosamente as extensivas regulamentações aplicáveis. O método de proteção mais usado em sistemas SCADA é a utilização de Segura Intrínseca referida aos circuitos elétricos (x) que são constituídos por um instrumento intrinsecamente seguro, uma fonte de alimentação elétrica apropriada e um sistema de cabeamento específico das interfaces.

O princípio básico do método de proteção por segurança intrínseca é o de limitar não só o suprimento de energia como também a capacitância e a indutância total do circuito (energia reativa). Esta proteção é conseguida pela utilização de barreiras de potencial ou de segurança intrínseca, que limitam a energia enviada à área classificada e compensam eventuais valores de capacitância e indutância para anular a energia reativa.

Um instrumento intrinsecamente seguro apresenta em seu invólucro os valores máximos permitidos para que o mesmo possa ser instalado em uma área classificada (tensão U_i, corrente I_i, potência P_i, indutância L_i e capacitância C_i). As barreiras de segurança intrínseca adequadas ao trabalho com este instrumento devem possuir valores limites comparados aos do instrumento.

As barreiras de segurança intrínseca mais utilizadas são as com Zener e as com transformadores isoladores. Este segundo tipo oferece uma completa isolação galvânica entre os circuitos eletrônicos que se encontram na área classificada e os que se encontram na área não classificada.

A desvantagem do primeiro tipo, embora seja mais econômico, é que o mesmo deve ser aterrado em pontos de baixíssima resistência na área classificada, para que falhas nos circuitos instalados na área não classificada não sejam transferidas para a área classificada.

4.4.2. INTERFACES SERIAIS

A miniaturização da eletrônica possibilitou que circuitos de processadores pudessem ser instalados dentro de instrumentos, tornando-os mais inteligentes. Essa inteligência adicional dá a possibilidade de, além de se conhecer a grandeza medida, acessar outras informações a respeito do instrumento tais como parâmetros de calibração e de configuração, ajuste, históricos de manutenção etc.

A transferência desta quantidade de informações de um instrumento para uma estação remota só é possível através de uma interface serial, chamada de *"fieldbus"* (não confundir com o padrão *Foundation Fieldbus*), pelo uso de um protocolo de comunicação adequado. Esta forma de interface apresenta uma outra vantagem importante que é a facilidade de instalação, com determinados padrões, de um grande número de instrumentos, pelo uso somente de um par de fios.

Ao contrário da interface direta, a especificação de uma interface serial é muito complexa, e além de considerar o local de instalação da instrumentação e a classificação da área, deve levar em consideração a compatibilidade com determinados protocolos de comunicação que a estação remota e a instrumentação devam ter.

Internacionalmente não é encontrado um único padrão de fato, e sim vários, cada um deles direcionado para uma linha de produtos de seu mentor ou para a linha de produtos de um consórcio mentor.

Não serão apresentadas vantagens ou desvantagens de cada um deles e sim a aplicabilidade dos mais conhecidos dentre a extensa gama de protocolos disponíveis, em relação à adequação aos diversos elementos de campo.

Tabela 4.1 — Protocolos de Campo mais Comuns

Protocolo	Onde Usar?
ASI	Sensores Discretos
Interbus	Remotas, IEDs, Sensores
DeviceNet	Remotas, IEDs, Sensores e IHMs
Foundation Fieldbus	Instrumentação de Campo (H1); Remotas, CLPs (HSE)
Profibus	Instrumentação de Campo, Sensores (PA); Remotas, CLPs (DP)
Hart	Instrumentação de Campo
FIP-WordFIP	Remotas, CLPs
Modbus	IEDs, CLPs, Remotas, IHMs
Industrial Ethernet	Remotas, CLPs, IHMs

Fonte: Autor

4.5. SISTEMAS DE ALIMENTAÇÃO

Ao contrário das estações remotas utilizadas nos sistemas SCADA do setor elétrico, que possuem energia disponível e em quantidade adequada, algumas das estações remotas dos sistemas SCADA aplicadas a outros setores precisam recorrer a outras alternativas para que possam ser alimentadas com energia elétrica adequada ao seu funcionamento.

A maioria das soluções encontradas para os diversos casos de instalações locais não dotados de infraestrutura pode utilizar as soluções apresentadas a seguir.

4.5.1. CÉLULAS FOTOVOLTAICAS

A energia solar fotovoltaica é a energia obtida através da conversão direta da luz em eletricidade através do efeito fotovoltaico, que ocorre em dispositivos denominados células fotovoltaicas ou simplesmente células solares.

São células de silício montadas adequadamente para serem incididas pelos raios solares e que formam uma cadeia de pequenos geradores de corrente, cuja função é carregar um banco de baterias que, por sua vez, alimentará a estação remota e os elementos de campo a ela associados.

4.5.2. CÉLULAS TERMOVOLTAICAS

Nos processos envolvidos com gás, encontra-se a possibilidade de gerar energia através do uso de outra tecnologia também baseada em semicondutores, a geração termovoltaica.

Este princípio de geração utiliza o próprio gás transportado como combustível, para acionar queimadores que aquecem as células, gerando energia elétrica para a alimentação dos equipamentos de uma estação remota.

Este tipo de alimentação traz algumas vantagens se comparado às anteriores, como uso reduzido de acumuladores devido à presença constante do combustível, geração contínua e independente da atmosfera, sujeiras ou posição geográfica, além de baixíssima manutenção.

4.5.3. BATERIAS PERMANENTES

Algumas estações remotas possuem equipamentos que apresentam baixíssimo consumo de energia, a ponto de poderem ser alimentadas por baterias comuns e apresentarem uma autonomia de até três anos. Geralmente estas estações possuem pouca instrumentação.

Capítulo 5

CENTRAL DE OPERAÇÕES

A Central de Operações de um sistema SCADA é o local onde o processo é visualizado e as operações são realizadas. É na central de operações que roda o software de supervisão e controle (comumente chamado de Supervisório) que permite, através de interfaces gráficas, que o operador visualize e interaja com todo o processo. É também na central de operações que se localizam as bases de dados histórica e de tempo real que têm como função principal armazenar todos os dados oriundos do processo que chegam à central de operações vindos das estações remotas.

Uma central de operações é formada por estações de trabalho que se conectam entre si e com o processador de fronteira (FEP) através de uma rede local (LAN). As estações de trabalho empregadas em uma central de operações dependem fundamentalmente da distribuição funcional estabelecida para o sistema e também da quantidade de pontos existentes no sistema SCADA. Em geral, as Estações de Trabalho que compõem a rede local de uma central de operações em um sistema SCADA de concepção moderna são apresentadas a seguir:

Figura 5.1. Estações de Trabalho Típicas de um sistema SCADA

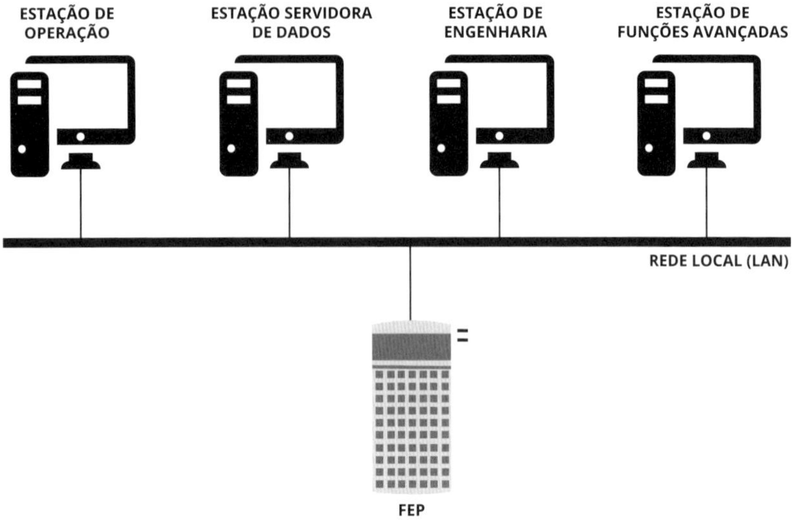

| ESTAÇÃO DE OPERAÇÃO | ESTAÇÃO SERVIDORA DE DADOS | ESTAÇÃO DE ENGENHARIA | ESTAÇÃO DE FUNÇÕES AVANÇADAS |

REDE LOCAL (LAN)

FEP

Dependendo do porte do sistema SCADA mais de uma das estações, ou mesmo todas as apresentadas, poderão ser implementadas em uma única estação, inclusive o FEP.

Estas estações processam em conjunto o software supervisório, além de outros softwares necessários a uma central de operações.

As estações são formadas por microcomputadores de pequeno, médio e grande porte e seus periféricos, ou por uma *Workstation* com arquitetura *RISC*.

5.1. ESTAÇÕES DE TRABALHO DE UMA CENTRAL DE OPERAÇÕES

A seguir descreveremos cada uma das estações que constituem a central de operações abordando principalmente suas principais funções.

5.1.1. ESTAÇÃO DE OPERAÇÃO

É a interface entre a operação e o processo, ou seja, a "janela" através da qual o processo é visualizado pelo operador.

Apresenta recursos gráficos (telas) para monitoração e visualização através de um ou mais monitores de vídeo e recursos de intervenção e atuação através de um teclado especial ou convencional, ou de dispositivos de seleção e comando como **mouses, trackball, touchpad, joystick**, entre outros.

Faz parte desta estação uma impressora cuja função é a de imprimir relatórios, cópias de telas e listas de alarmes e eventos.

Esta última função não tem sido muito requerida, devido a existência de ferramentas que facilitam o acesso a essas listas.

5.1.2. ESTAÇÃO SERVIDORA DE DADOS

É a principal estação de uma central e deve ser dotada de grande capacidade de memória e de processamento. É nas estações servidoras de dados que se processa o software de supervisão e controle.

Numa concepção mais atual, devido a grande quantidade de informações existentes nos processos dos mais diversos segmentos, esta estação trabalha em conjunto com um banco de dados de tempo real e com um banco de dados histórico, ou ainda com um único depósito de dados (Datawarehouse) particionado adequadamente para realizar as duas funções, podendo ainda, dependendo da complexidade do sistema, ter-se um banco de dados ou uma partição para configuração.

Seu monitor de vídeo, teclado e dispositivo de seleção e comando são exclusivamente dedicados para funções de manutenção tais como, configuração, parametrização e *back up*.

Em uma definição mais atual, a Estação Servidora de Dados é responsável pelas seguintes funções:

- Geração, Controle e Gerenciamento da Base de Dados de Tempo Real, da Base de Dados Histórica e da Base de Dados e Imagens de Configuração;
- Gerenciamento de Alarmes e Eventos;
- Geração de Gráficos de Tendências;
- Processamento de Dados para apresentação pelas Estações de Operação e para registro na Base de Dados de Tempo Real;
- Geração de Relatórios.

Devido a mesma realizar funções que envolvam a Base de Dados Histórica, esta estação pode ser também uma das servidoras de dados de outros sistemas externos ao SCADA.

5.1.3. ESTAÇÃO DE ENGENHARIA

É responsável pelas funções de parametrização e configuração das demais estações da LAN da central, bem como, através do FEP, das estações remotas, e pelas funções de manutenção de todo o sistema. É também nesta estação que são feitas, quando necessário, as mudanças de telas do processo.

Uma exceção se faz à Estação de Funções Avançadas que geralmente não é configurada pela Estação de Engenharia por executar aplicações muito específicas, e possuir ferramentas próprias de configuração.

A Estação de Engenharia apresenta recursos (telas) para a configuração e geração de desenhos e gráficos através de um monitor de vídeo, teclado convencional e dispositivos de seleção e comando tais como *mouses* e *trackball*.

Faz parte de uma Estação de Engenharia uma impressora para cópias das telas e documentação da aplicação.

5.1.4. ESTAÇÃO DE FUNÇÕES AVANÇADAS

É raramente aplicada na fase de implantação de um SCADA, sendo responsável pela execução de funções especiais, como por exemplo modelagem e simulações referentes ao processo, assumindo também a responsabilidade pela própria configuração e parametrização, como já foi colocado.

Nos sistemas mais modernos, as Estações de Operação executam, sob um único padrão gráfico, a Interface Homem-Máquina para as funções comuns do sistema e para as funções avançadas.

Esta estação apresenta recursos (telas) para acesso às suas funções e para a configuração e parametrização das mesmas através de um monitor de vídeo, teclado convencional e dispositivos de seleção e comando, tais como **mouses** e **trackball**.

Faz parte de uma Estação de Funções Avançadas uma impressora, cuja função é a de imprimir os relatórios correspondentes a estas funções.

5.2. ASPECTOS ERGONÔMICOS

Qualquer que seja o nível de automação proporcionado por um sistema SCADA a um processo, o bom funcionamento do mesmo depende do pessoal que realiza as atividades operacionais.

Lamentavelmente, a maioria dos projetos de sistemas SCADA são desenvolvidos sem levar em consideração o desempenho da equipe de operação.

A ergonomia é o estudo da eficácia e confiabilidade do pessoal da operação em seu ambiente de trabalho.

Um projeto de ergonomia deve apresentar soluções adequadas para assegurar a eficiência e a confiabilidade, para as seguintes necessidades:

- Aspectos Humanos (Ambiente)
- Interface Homem-Máquina
- Espaço Físico
- Postos de Trabalho
- Desenhos dos Equipamentos

- Decoração
- Layout
- Construção Civil

A Central de Operações é o elemento vital que requer grande atenção durante o projeto. O desenho mais apropriado deve combinar harmoniosamente aspectos estéticos, ergonômicos e técnicos.

A ergonomia considera a relação simbiótica entre o homem e a máquina, criando um ambiente de trabalho ótimo para a operação e fazendo com que as máquinas se adaptem às limitações antropométricas dos seres humanos e não ao contrário.

Alguns itens devem ser observados especificamente para uma sala de controle:

5.2.1. CONFORTO OPERACIONAL

O conforto operacional leva em consideração o fato de um ser humano sentir-se bem no seu ambiente de trabalho, e é obtido através da observância de alguns critérios que influem inclusive no comportamento humano, tais como nível de ruído, luminosidade adequada, espaço, acesso, qualidade do ar, segurança, cores utilizadas no ambiente, desenho das cadeiras, altura das mesas de trabalho.

As diversas soluções existentes hoje, se utilizadas adequadamente, podem trazer diversos benefícios aos operadores como a diminuição do estresse, o aumento da atenção dispensada às atividades de operação e, principalmente, uma melhor assimilação das informações recebidas pelo sistema SCADA.

5.2.2. CONFIGURAÇÃO DAS INTERFACES HOMEM-MÁQUINA (IHM)

Levando-se em consideração os aspectos ergonômicos, as IHM são os elementos visualizados pelos operadores durante a maior parte de sua jornada de trabalho. Portanto, cuidados especiais devem ser tomados não só durante o projeto como também na configuração das mesmas.

Os modernos softwares de supervisão e controle oferecem recursos ilimitados de desenhos, dinamização de objetos e de navegação e, ainda assim, mesmo com tudo isto, para um desenho adequado das telas de operação, deve-se considerar diversos aspectos como:

- A lógica de raciocínio dos operadores;
- A familiaridade com a informática;
- A utilização de diagramas de processo e não de engenharia;
- A utilização de palavras e símbolos de acordo com a linguagem verbal e simbólica da operação;
- A flexibilidade do sistema;
- Padrão de cores adequados.

Apresenta-se, a seguir, uma tabela de cores com a avaliação dos contrastes entre elas:

Tabela 5.1 — Padrão de Cores para Telas de Sistemas Supervisórios

Cor de Frente	Cor de Fundo							
	Vermelho Escuro	Amarelo Esverdeado	Verde Médio	Azul Pastel	Azul Real	Cinza Médio	Branco	Preto
Preto	B	B	B	B	X	B	B	X
Vermelho Médio	B	B	B	B	B	B	B	B
Amarelo Claro	B	B	B	B	B	B	X	B
Verde Claro	B	B	M	M	B	B	B	B
Azul Claro	B	M	M	M	B	B	B	B
Azul Médio	B	B	X	X	B	B	B	B
Salmão Claro	B	B	B	B	B	B	B	B
Branco	B	B	B	B	B	B	X	B
Laranja Médio	B	B	B	B	B	B	B	B
Cinza Claro	B	B	B	B	B	B	M	B
Marrom Alaranjado	B	X	B	B	B	X	B	B
Amarelo Esverdeado	B	M	B	B	B	B	B	B
Azul Petróleo	B	B	X	X	B	M	B	M
Verde Musgo	B	X	X	X	B	X	B	B
Amarelo Ouro	B	B	B	B	B	B	B	B
Cinza Escuro	B	X	X	X	B	X	B	X

B=Adequado ; M=Aceitável ; X=Inaceitável

Fonte: Autor

5.3. ARQUITETURA CLIENTE-SERVIDOR

Uma arquitetura cliente-servidor é composta no mínimo por duas estações que se comunicam através de uma rede local (LAN).

O servidor é a estação que fornece dados, realiza funções e executa aplicações para a estação cliente através da LAN. Podem haver diversos tipos de servidores em uma rede de computadores, como servidor de aplicações, de backup, de e-mail, de impressão.

Em um sistema SCADA, dentro de uma mesma estação podem haver funções servidor e funções cliente, ou seja, uma determinada estação pode ser cliente de uma estação A e ser servidora de uma estação B.

As centrais de operação de um SCADA, como já visto, possuem uma arquitetura cliente-servidor baseada numa rede local (LAN) onde todas as estações se conectam e desta participam. Esta arquitetura permite a segregação funcional entre as estações e a divisão da carga de trabalho das mesmas, que faz com que a central apresente uma melhor performance, ou mesmo que se utilizem de máquinas de menor capacidade e, consequentemente, mais acessíveis.

Considerando as principais funções de um Software de Supervisão e Controle, apresenta-se a seguir a segregação mais comum encontrada nos sistemas SCADA:

Tabela 5.2 — Segregação Funcional das Estações de um Sistema SCADA

Estação	Função	Status
Estação de Operação	Visualização e Comandos	Cliente 1 e 2
Estação de Engenharia	Configuração	Cliente 1
Estação Servidora de Dados	Base de Dados de Tempo Real Base de Dados Históricos Base de Dados de Configuração Processamento de Dados para Apresentação e Registro Gerenciamento de Alarmes e Eventos Geração de Tendências Geração de Relatórios	Servidor Servidor Servidor Servidor e Cliente 3 Servidor Servidor Servidor
Estação de Funções Avançadas	Funções Avançadas	Cliente 1 e Servidor
FEP	Comunicação	Servidor
Cliente 1=Cliente da Estação Servidora de Dados Cliente 2=Cliente da Estação de Funções Avançadas Cliente 3=Cliente do FEP		

Fonte: Autor

Dependendo da performance requerida, as funções atribuídas à Estação Servidora de Dados podem ser segregadas em diversas estações.

O fator preponderante ao funcionamento de uma arquitetura cliente-servidor é a existência de uma rede local (LAN) capaz de realizar a troca de dados entre as estações de forma rápida e adequada. Isto se reforça pelo fato de as redes locais trabalharem com protocolo TCP/IP.

As redes de longa distância (WAN) também utilizam o mesmo protocolo, o que faz com que clientes e servidores possam ser instalados em locais diferentes e até mesmo remotos.

O protocolo TCP/IP é também utilizado pela INTERNET, que nada mais é do que uma grande WAN. Desta forma, um servidor de uma LAN de um sistema SCADA que se conecta através de um roteador à Internet pode também ser um servidor desta.

Clientes que se conectam aos servidores de um SCADA através da Internet são denominados **Web Clients**.

Alguns softwares de supervisão e controle permitem o acesso às suas funções por meio de **Web Clients**.

Existem mecanismos que protegem o acesso a servidores conectados à Internet, permitindo que esse acesso somente seja feito a partir de estações habilitadas. Esses mecanismos são constituídos por softwares que são executados por uma estação conectada a mesma LAN do servidor e são conhecidos como **Firewall**.

Mesmo o emprego dos mecanismos mais avançados não garante a eliminação por completo dos acessos indevidos, ou seja, a Internet não é 100% segura, mas é um meio bastante utilizado nos dias de hoje tanto no que diz respeito simplesmente à comunicação de dados como também na enorme gama de soluções existentes na área de aplicações.

5.4. SOFTWARE DE SUPERVISÃO E CONTROLE

O Software de Supervisão e Controle é um pacote de aplicativos executados pelo sistema operacional das estações e é o responsável pela realização das principais funções de uma Central de Operações de um sistema SCADA.

Muitos fornecedores costumam chamar os seus pacotes de Software de Supervisão e Controle de "SOFTWARE SCADA", mas estes pacotes são só uma parte de uma solução mais completa, como já visto, de um sistema SCADA.

Os mais modernos softwares, que chamaremos aqui de supervisórios, apresentam-se sob arquitetura cliente-servidor mediante o modelo Microsoft® DNA (*Distributed Networked Architecture*) que significa Arquitetura Distribuída em Rede, e que define três elementos extremamente correlacionados:

1. Uma ou várias ESTAÇÕES DE OPERAÇÃO (Clientes - IHM).
2. Conectados a MÚLTIPLOS SERVIDORES de Aplicação.
3. Uma BASE DE DADOS ÚNICA para Tempo Real, Configuração e Histórico.

Figura 5.2 — Modelo DNA

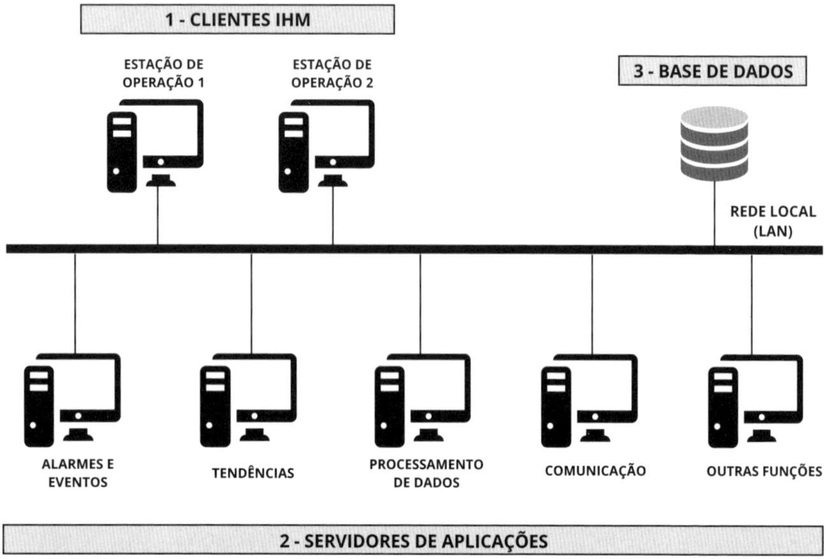

[Diagrama: 1 - CLIENTES IHM (Estação de Operação 1, Estação de Operação 2); 3 - BASE DE DADOS; REDE LOCAL (LAN); 2 - SERVIDORES DE APLICAÇÕES (Alarmes e Eventos, Tendências, Processamento de Dados, Comunicação, Outras Funções)]

As diversas funções do software são apoiadas sobre uma infraestrutura de controle e gerenciamento da sua execução, e são clientes das Bases de Dados da qual se utilizam constantemente para a realização de suas tarefas.

Esta infraestrutura conta também com os recursos do sistema operacional da rede local (LAN).

As Estações de Operação, que desempenham o papel de IHM, são clientes dos Servidores de Aplicação e dependem da LAN para a conexão a esses.

Para aplicação em sistemas SCADA, um Supervisório, além de desempenhar como requisito mínimo as funções já apresentadas e que serão vistas em detalhes a seguir, deve figurar também as seguintes características:

- **Escalabilidade** para possibilitar a utilização em uma ou várias Estações de Operação tanto na central de operações quanto nas regionais, quando houver;
- **Tolerância a Falhas** pela possibilidade de configuração dos servidores em redundância plena de funções e de duplicação física e lógica das Bases de Dados;
- **Registro de Tempo** através da armazenagem da variável em conjunto com o instante da ocorrência ou de leitura da mesma (datação);
- **Configuração *On-Line*** da Base de Dados de Configuração sem a necessidade de parada ou de recarga da aplicação;
- **Abertura** para disponibilizar, de forma padrão, todos os dados, inclusive os da Base de Dados de Tempo Real, a outras aplicações externas ao sistema SCADA, como, por exemplo, os sistemas corporativos tipo ERP (Planejamento de Recursos da Empresa).

5.5. INTERFACE HOMEM-MÁQUINA (IHM)

Em uma arquitetura cliente-servidor, esta função é realizada pelas Estações de Operação. A IHM é cliente de todas as demais funções do software supervisório sendo, além do meio a partir do qual os operadores visualizam todo o processo, o meio pelo qual os operadores visualizam e acessam as funções executadas nos servidores, como os alarmes e históricos.

Uma IHM para um sistema SCADA é normalmente composta de:

- Telas Gráficas para acesso ao processo, intervenção e visualização (Mímicos);
- Telas de visualização de **Alarmes e Eventos**;
- Telas para visualização de **Históricos e Tendências**.

Uma IHM é dotada de recursos que apresentam o processo, de forma pictórica, além de mecanismos de navegação que possibilitam o acesso rápido e simplificado a informações e/ou medições, a controles ou a elementos de atuação e/ou intervenção no processo.

Além de um bom sistema de navegação, algumas ferramentas são disponíveis dentro da função IHM:

- Vasta biblioteca de elementos gráficos para ilustração de elementos de processo (motores, válvulas, medidores etc);
- Elementos de animação tais como posicionamento livre na tela, preenchimento, rotação etc;

- Inserção de objetos gráficos de outras aplicações (imagens, desenhos, fotos, vídeos, som etc);
- Zoom, deslocamento horizontal, multijanelamento e setorização.

No que diz respeito à visualização, além do monitor de vídeo das estações de trabalho, os sistemas SCADA contam também com grandes painéis (telões) para a visualização do processo. Os telões apresentam a vantagem, caso empregados com um adequado software supervisório, de apresentarem todo o sistema de uma única vez, sem prejudicar a legibilidade das informações.

A figura a seguir mostra uma tela de um processo:

Figura 5.3 — Tela de um Processo — Imagem Capturada da tela do Software Supervisório iFIX[1]

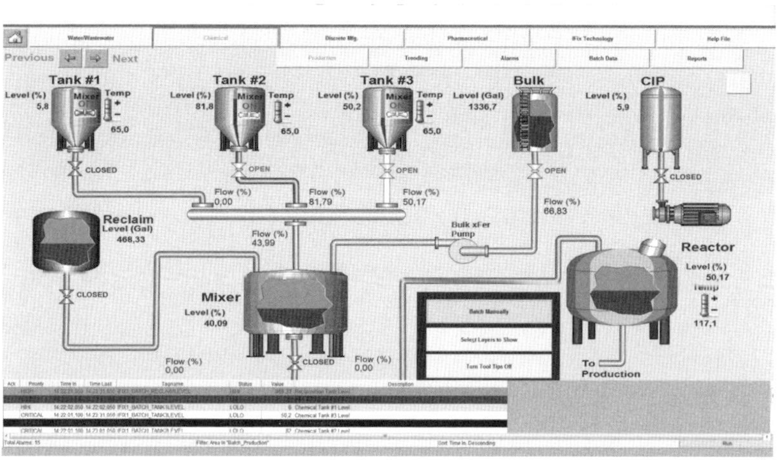

---

[1] Caro leitor, você pode acessar as figuras deste capítulo no site da editora para melhor visualização das imagens (www.altabooks.com.br - Procure pelo título do livro ou ISBN).

5.6. ALARMES E EVENTOS

Os eventos do processo e do próprio sistema SCADA são registrados nas Bases de Dados tão logo os mesmos venham a ocorrer. Esses eventos se apresentam sob três tipos:

- **Eventos Internos** ao sistema SCADA tais como problemas com a LAN ou WAN, um erro de processamento no software ou em parte deste.
- **Eventos do Sistema** tais como desarme de um disjuntor, atuação de uma válvula de alívio de pressão, parada de uma bomba ou fim do ciclo de carregamento de um reservatório.
- **Ações da Operação** tais como acesso ao sistema SCADA (*login*), comando para ligar um motor, alteração de um valor de *set-point*, reconhecimento de um alarme.

Adicionalmente, uma série de eventos são gerados por software, seja nas estações remotas ou nos próprios servidores, como um valor muito alto ou muito baixo de uma medida ou variação muito acentuada de uma variável.

As Telas de Visualização de Alarmes e Eventos da IHM proporcionam:

- A apresentação de listas cronológicas por eventos contendo o grupo ao qual o evento pertence, criticidade do evento, instante da ocorrência, situação (reconhecido ou não reconhecido) e a mensagem configurada pela operação para aquele evento;
- Filtro para seleção de eventos por grupos, tipo de variável, período de ocorrência, estação remota etc;
- Ferramentas de pesquisa e busca de informações nas listas (*sorting*)

A figura a seguir mostra uma Tela de Visualização de Alarmes e Eventos:

Figura 5.4 — Tela de Visualização de Alarmes e Eventos — Imagem Capturada da tela do Software Supervisório iFIX

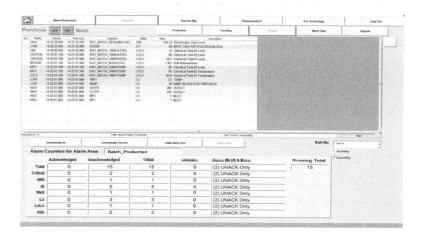

Adicionalmente, todos os eventos são registrados na Base de Dados Histórica, podendo ser acessados por ferramentas geradoras de relatórios.

Os alarmes são um subconjunto dos eventos que podem conter qualquer evento configurado. O objetivo dos alarmes é alertar os operadores sobre situações que requerem alguma ação ou intervenção e devem ser imediatamente reconhecidos por estes. O reconhecimento de um alarme pode ser realizado um a um, toda a lista ou um grupo.

Além da apresentação em monitores de vídeo, os alarmes podem anunciados de outras formas como através de um alto-falante anunciador (com conversor texto em voz), ou por meio de uma ligação telefônica, um SMS, por um e-mail, ou por mensagem de rádio.

5.7. HISTÓRICO E TENDÊNCIAS

A função de Histórico e Tendência tem como função principal o registro para acompanhamento do comportamento de um dado ao longo do tempo e o acesso a esse registro.

Esses registros são armazenados em tabelas e o acesso a elas é feito através de telas gráficas, cujos dados a serem apresentados bem como o período de apresentação são pré-configurados ou configurados livremente pelo operador, no momento de sua apresentação.

Os dados registrados nas Bases de Dados para esta função são de medições analógicas e discretas realizadas pelas estações remotas, de alarmes e eventos e as ações do operador.

A função Histórico acessa os dados das estações remotas através da função de comunicação e os registra nas bases de dados.

As telas para visualização de Históricos e Tendências da IHM têm como padrão o Gráfico VALOR x TEMPO, que permite que os dados registrados pelo histórico sejam apresentados usando curvas (linhas) ou barras (*bar graphs*).

Esse gráfico pode apresentar várias curvas simultaneamente e possui funções de zoom sobre a escala de tempo ampliando ou reduzindo o período escolhido, e funções de deslocamento para trás e para a frente sobre a escala de tempo (*panning* sobre o eixo X). Podem ainda ser apresentados como variações em tempo real, ou historicamente, por exemplo, a variação da temperatura de uma caldeira no período das 4h às 12h de um dia.

Figura 5.5 — Tela de Histórico e Tendências — Imagem Capturada da tela do Software Supervisório iFIX

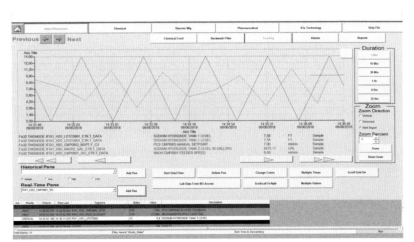

O Histórico e Tendências pode também ser visualizado como uma Tabela de Dados Histórico.

5.8. PROCESSAMENTO DE DADOS

A função de Processamento de Dados visa preparar os dados recebidos das estações remotas através da função de comunicação, ou os dados inseridos pela operação, para serem registrados nas Bases de Dados e/ou apresentados nas IHM.

Os dados advindos do processo, após recebidos pela Função de Comunicação, são processados em alguns dos formatos apresentados a seguir:

- *Boolean*: grandeza booleana (VERDADEIRO ou FALSO).
- *Integer*: grandeza inteira normalmente representada por 2 bytes de 8 bits (-32.767 a +32.767).
- *Longinteger*: grandeza inteira normalmente apresentada por 4 bytes de 8 bits (-2,1475x10^9 a +2,1475x10^9).
- *Floating Point*: grandeza em ponto flutuante.

No caso das grandezas analógicas, estes dados representam um valor entre 0 e 100%, ou entre -100 e 100% da variável medida sem a informação de qual é a faixa de variação da mesma. Estes dados também não possuem, por exemplo, unidades de engenharia (m^3/h, kgf/cm^2 etc) e em alguns casos não conhecemos sua ordem de grandeza (10, 100 ou 1000). Para suprir essas deficiências, as funções de tratamento de dados normalmente encontradas são:

- Incorporação da Faixa de Variação nas grandezas analógicas e da Taxa de Variação para caso de grandezas não lineares;
- Inclusão da Unidade de Engenharia;
- Nomeação (*Tagging*);
- Integração (Totalização) e Contagem de transições/eventos com reset;
- Banda Morta (Faixa de Variação considerada relevante);
- Interpolação linear com múltiplos segmentos;
- Extração de Raiz Quadrada;
- Conversão de formato (binário para BCD, para decimal etc).

5.9. COMUNICAÇÃO

Esta função é a responsável pela chegada dos dados das estações remotas para as estações servidoras de dados e pela saída dos dados destas para as estações remotas.

Quando a central de operações não é dotada de FEP, a estação servidora de dados proporciona a interface entre o software supervisório e o sistema de comunicações, gerenciando todos os protocolos de comunicação necessários.

Quando a central de operações possui um FEP ela geralmente proporciona a interface com este através do protocolo Ethernet TCP/IP.

Como já foi visto anteriormente, o protocolo Ethernet TCP/IP atende somente às seis primeiras camadas do modelo OSI e, para completar a interface entre uma estação servidora de dados e o FEP, seria necessária a definição da sétima camada, ou seja, a camada de Aplicação. Atualmente esta definição pode se dar pelo padrão OPC, desde que exista um servidor OPC correspondente ao FEP.

Caso não exista este servidor e a interface entre a Estação Servidora e o FEP seja feita pelo protocolo Ethernet TCP/IP, a camada de aplicação deve ser desenvolvida caso a caso, ou seja, uma para cada FEP diferente. O software que define esta camada é chamado de Programa de Aplicação de Interface (API — Application Program Interface).

5.10. SCRIPTS — LINGUAGENS DE PROGRAMAÇÃO

Alguns softwares de supervisão são dotados de ferramentas que possibilitam a criação de funções e aplicações em atendimento a alguma necessidade funcional específica do sistema SCADA, através de linguagem de programação geralmente estruturada e muitas vezes orientada a objetos, denominadas *Scripts* como, por exemplo, o VBA (*Visual Basic for Applications*). Essas linguagens possuem um conjunto de instruções que representam diversas funções, entre elas;

- Acesso aos dados das estações remotas.
- Acesso aos dados da base de dados.
- Funções matemáticas, trigonométricas, logarítmicas e estatísticas.
- Funções combinatórias lógico-booleanas.

A execução destas funções pode ser simultânea às outras funções apresentadas e é gerenciada pela infraestrutura do software.

A interface destas funções com as estações remotas se dá através da Função de Comunicação.

5.11. FLUXO DE DADOS

Os dados enviados da Central de Operações para o processo (estações remotas) são caracterizados por COMANDOS e ATUAÇÃO e os dados oriundos das estações remotas para a central de operações por MONITORAÇÃO E SINALIZAÇÃO.

Uma vez chegados à central de operações através do FEP, estes dados são registrados num primeiro instante, em uma tabela ou em um banco de dados que forma a Base de Dados de Tempo Real, sendo posteriormente transferidos para uma Base de Dados Histórica. Os dados armazenados nessas duas bases de dados são utilizados das mais diversas formas pelas estações que compõem a central de operações e também por aplicações externas a essa que podem utilizar os dados, principalmente os históricos.

A figura a seguir mostra um diagrama do fluxo dos dados em um sistema SCADA.

Figura 5.6 — Fluxo de Dados de um Sistema SCADA

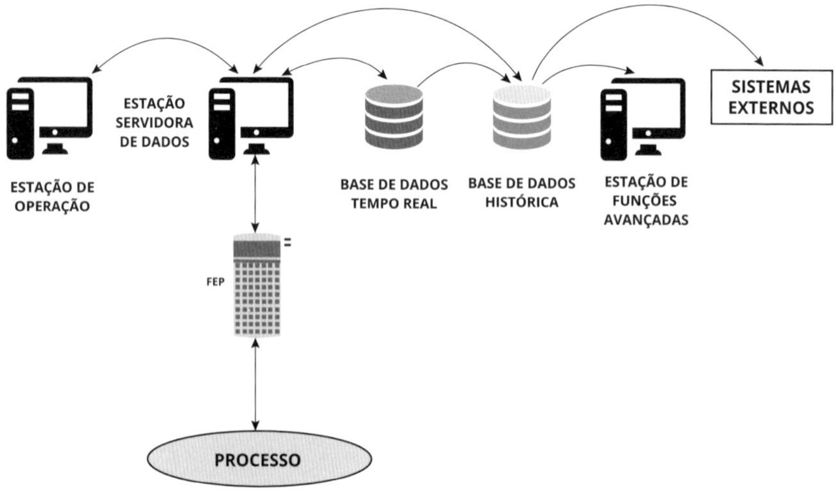

5.11.1. BASE DE DADOS DE TEMPO REAL

A Base de Dados de Tempo Real pode ser constituída por uma tabela armazenada em uma memória de acesso extremamente rápido, como é o caso das RAMs, normalmente localizada na estação servidora de dados, ou por um Banco de Dados específico, normalmente relacional, que é um "espelho" de todo o processo e dos dados originados na operação e na supervisão/gerenciamento.

Esta base é atualizada por exceção quando ocorrem mudanças de valores em qualquer dado e é servidora de dados a diversos aplicativos de um sistema SCADA como, por exemplo, as IHM, por onde os operadores visualizam as telas de processo.

É muito raro o acesso a esta base por aplicativos externos ao software supervisório, como é o caso das funções avançadas. Quando houver a necessidade de processamento das mesmas em "tempo de execução", estas acessarão os dados históricos mais recentes aproveitando os mecanismos estruturados de acesso da Base de Dados Histórica.

Uma característica importante de uma Base de Dados em Tempo Real é que a mesma armazena apenas um registro de cada dado, pois o registro anterior já é histórico e deve ser transferido para a respectiva base de dados.

5.11.2. BASE DE DADOS HISTÓRICA

Os dados são armazenados de forma bastante estruturada, com suas respectivas datas, real ou indexada, em HD específico, localizados também na estação servidora de dados ou em bases de dados dedicadas.

As Bases de Dados Históricas normalmente são bancos de dados dedicados, de grande porte e que possuem acesso através de linguagem SQL (*Structured Query Language*) permitindo, de forma segura, que diversos tipos de aplicativos se utilizem dos dados nela armazenados. Além disso, as mesmas são dotadas de poderosas ferramentas de gerenciamento que visam a otimização do espaço, organização das pesquisas e proteção do acesso.

Um sistema SCADA tem que ser dotado de ferramentas específicas que realizem, de forma periódica, cópias destas bases de dados com a finalidade de segurança e disponibilização de espaço.

5.12. GERAÇÃO DE RELATÓRIOS

Relatórios são sempre gerados a partir de dados armazenados na Base de Dados Histórica através de várias ferramentas existentes no próprio software supervisório, e de outras como é o caso do Microsoft Excel®, que pode acessar os dados desta através de recursos que utilizem objetos transferíveis como ODBC (*Open Data Base Connectivity*).

Os tipos de relatórios encontrados nos sistemas SCADA são:

- Conjunto de dados registrados em um determinado instante (fotografia).
- Conjunto de dados registradores um determinado intervalo de tempo (tabelas).
- Definidos pelo usuário utilizando a base de dados.

A apresentação de um relatório, já configurado, é disparada das seguintes maneiras:

- manualmente — ou seja, o operador solicita a qualquer tempo sua apresentação;
- periodicamente de forma automática;
- mediante alguma mudança em algum dado;
- por configuração após a conclusão do mesmo.

Capítulo 6
APLICAÇÕES

Foi visto anteriormente que as principais características que determinam a aplicação de um sistema SCADA são o espalhamento por grandes áreas, a necessidade de controles de relativa simplicidade e com baixos tempos de resposta, além de requisitos de intervenções frequentes e imediatas.

Os setores onde mais se utilizam os sistemas SCADA são o de Energia Elétrica, Química e Petroquímica, Farmacêutico, Óleo e Gás, Papel e Celulose, Saneamento.

Será apresentado como exemplo para os setores de óleo e gás a distribuição mais usual das estações remotas e as funções comumente encontradas em cada uma delas.

Cabe observar que muitas das estações remotas de alguns sistemas apresentam um nível de complexidade operacional e de controle que justificam a aplicação de um Sistema de Supervisão e Controle. É muito comum encontrar um SSC como estação remota de um sistema SCADA, sendo hierarquicamente subordinado a este.

6.1. SETOR DE ÓLEO

Para o setor de óleo, os dutos e terminais são os elementos onde se aplicam soluções de sistemas SCADA. Este tipo de processo é composto no mínimo pelos seguintes itens que são passíveis de automação:

- Terminais de Armazenagem, Recebimento e/ou entrega de Produtos. Este pode ser um caso de aplicação de SSC subordinado a SCADA:
    » Controle do Pátio de Tanques;
    » Controle de Acesso de Caminhões, Trens e Navios;
    » Controle de Carregamento (Recebimento) e Descarregamento (Entrega);
    » Medição de Parâmetros de Qualidade dos Produtos Recebidos / Entregues;
    » Bombeamento de Produtos;
    » Controle de Aquecimento;
    » Lançamento e Recepção de robôs de inspeção ou limpeza dos dutos (*PIGs*);
    » Funções auxiliares tais como: Segurança Patrimonial, Detecção de Incêndio, Geração e Distribuição de Ar Comprimido etc.

- Estações de Bombeamento
    » Controle de Pressão e Vazão;
    » Partidas e Paradas de Bombas;
    » Controle de Aquecimento;
    » Funções auxiliares tais como: Segurança Patrimonial, Detecção de Incêndio, Geração e Distribuição de Ar Comprimido etc.

- Estações de Lançamento e Recebimento de Robôs de Limpeza e Inspeção (PIGs)
    » Monitoração de Partidas e Chegadas de Pigs;
    » Monitoração de Pressão, Vazão e Temperatura.

- Estações de Redução de Pressão
    » Controle de Pressão e Vazão;
    » Funções auxiliares tais como: Segurança Patrimonial, Detecção de Incêndio, Geração e Distribuição de Ar Comprimido etc.

- Estação de Bloqueio de Trecho
    » Abertura e Fechamento de Válvulas;
    » Monitoração do Estado dos Trechos (Pressão e Temperatura).

6.2. GÁS

Uma peculiaridade deste setor é que existe uma predominância das funções de monitoração sobre as de atuação, principalmente alarmes, uma vez que a maioria dos dispositivos empregados são autooperados pelo próprio gás. Uma outra característica, mais voltada à distribuição, é que a monitoração nem sempre precisa ser realizada em tempo de execução. Este tipo de processo é composto no mínimo pelos seguintes itens que são passíveis de automação:

- Estações de Processamento Primário
    - » Medição de Temperatura, Pressão, Vazão etc;
    - » Supervisão e Controle do Tratamento do Gás;
    - » Controle de Gathering;
    - » Controle de Válvulas e Bombas;
    - » Programação e Planejamento da Produção;
    - » Otimização do Sistema;
    - » Funções auxiliares tais como: Segurança Patrimonial, Detecção de Incêndio, Geração e Distribuição de Ar Comprimido etc.

- Estações de Compressão
    - » Gerenciamento e Supervisão;
    - » Controle de Vazão e Pressão;
    - » Controle de Válvulas e Dispositivos de Campo;
    - » Medição de Temperatura, Pressão, Vazão etc;
    - » Sequências de Partida e Parada;
    - » Controle de Carga e Velocidade de Turbinas e Compressores;
    - » Monitoração de Vibração e Queima de Turbinas;
    - » Controle Antissurge dos Compressores;
    - » Funções auxiliares tais como: Segurança Patrimonial, Detecção de Incêndio, Geração e Distribuição de Ar Comprimido etc.

- Estações de Lançamento e Recebimento de Robôs de Limpeza e de Inspeção (PIGs)
    » Monitoração de Partidas e Chegadas de Pigs;
    » Monitoração de Pressão, Vazão e Temperatura.

- Estações de Medição
    » Monitoração de Temperatura e Pressão;
    » Monitoração da Composição do Gás;
    » Medição da Vazão / Cálculo da Vazão Corrigida de acordo com padrões internacionais (AGA);
    » Funções auxiliares tais como: Segurança Patrimonial, Detecção de Incêndio, Geração e Distribuição de Ar Comprimido etc.

- Proteção Catódica
    » Monitoração e Medição da Diferença de Potencial de Proteção Catódica;

- City-Gates
    » Medição de Temperatura e Pressão;
    » Monitoração da Composição do Gás;
    » Medição da Vazão / Cálculo da Vazão Corrigida de acordo com padrões internacionais (AGA);
    » Controle da Redução de Pressão;
    » Controle de Meter Run;
    » Controle de *Blending* e Odorização;
    » Funções auxiliares tais como: Segurança Patrimonial, Detecção de Incêndio, Geração e Distribuição de Ar Comprimido etc.

- Estações de Redução de Pressão
    - » Medição de Pressão;
    - » Monitoração de Atuação Automática de Válvulas;
    - » Ajuste Remoto de Pressão;
    - » Monitoração do Estado dos Filtros.

- Estações de Transferência de Custódia (Consumidores)
    - » Medição de Temperatura e Pressão;
    - » Monitoração da Composição do Gás;
    - » Medição da Vazão / Cálculo da Vazão Corrigida de acordo com padrões internacionais (AGA);
    - » Monitoração de Atuação Automática de Válvulas.

6.3. SOFTWARES DE FUNÇÕES AVANÇADAS (OTIMIZAÇÃO, SIMULAÇÃO E MODELAGEM)

A aplicação de funções avançadas como funções externas integrantes de um sistema SCADA é bastante frequente nos dias de hoje. A maior parte destas se baseiam em modelos matemáticos ou modelos estatísticos que representam o processo ou o sistema supervisionado/controlado pelo SCADA.

Estes modelos são formados pelas equações hidráulicas de cada processo/sistema, uma vez que estamos tratando de assuntos teorizados pela mecânica dos fluídos ou por estatística, tomando por base a grande quantidade de dados históricos disponíveis nas bases de dados.

As funções avançadas são executadas geralmente em uma estação de trabalho independente, em tempo de execução (*ON-LINE*), ou por batelada, independente do processo (*OFFLINE*).

6.3.1. FUNÇÕES EXECUTADAS ON-LINE

Existem funções que, utilizando-se de dados de tempo real, produzem resultados (valores numéricos, estados, alarmes) que são enviados ao processo para realizarem alguma modificação sobre este, através da atuação sobre seus elementos. Outros tipos de funções produzem resultados para serem apresentados aos operadores em vez de enviados ao processo, para que estes tomem alguma decisão baseada nos mesmos.

Respeitando os tempos de resposta característicos destas funções, diz-se que as mesmas são executadas em tempo real. Cabe esclarecer que os dados de tempo real destinados a estas funções são dos dados históricos mais recentes, pois geralmente não há uma interface direta entre a função de comunicações do software supervisório e as funções avançadas.

6.3.2. FUNÇÕES EXECUTADAS OFFLINE

Utilizam dados históricos para seu processamento, produzindo resultados (valores numéricos, estados etc) que são apresentados aos operadores, em forma de telas de processo ou relatórios, para que estes possam tomar alguma decisão baseada nos mesmos.

Estas funções se destinam a estudos sobre o processo ou sistema e servem de suporte à tomada de decisões, proporcionando a estimativa, por simulação, de futuras condições do processo decorrentes de intervenções simuladas, evitando possíveis problemas gerados por intervenções reais duvidosas.

Algumas bases de dados adicionais são geradas por essas funções tais como a base da topologia que registra o traçado e as características das linhas (tubulação) e as características dos nós (equipamentos), além da base de dados resultante das simulações.

6.3.3. EXEMPLO: ÓLEO E GÁS

As funções avançadas mais comuns aos sistemas de óleo e gás são:

- Modelagem do oleoduto, gasoduto, ou da rede de distribuição para estimação de estado (Offline);
- Detecção e localização de vazamentos (On-line). Utiliza dados de tempo real para a geração dos alarmes correspondentes e os dados históricos mais recentes para definição do ponto de vazamento;
- Previsão de estados e condições (On-line). Baseado nas tendências históricas;
- Rastreamento da qualidade e composição (Offline);
- Propagação dos resultados das análises (Offline);
- Previsão de carga (Offline);
- Treinamento e Simulação (Offline);
- Gerenciamento e Contabilização (Offline).

Capítulo 7

COMO ESPECIFICAR UM SCADA

Projetar e especificar um sistema SCADA não é uma tarefa das mais fáceis e, normalmente, exige um alto grau de conhecimento acerca do processo propriamente dito, bem como da tecnologia que poderá ser aplicada adequadamente para suprir as necessidades, além das diversas funcionalidades, condições de instalação, equipamentos, entre outros fatores importantes.

A escolha da melhor arquitetura, dos equipamentos e softwares que formarão a solução SCADA mais adequada deve levar em conta alguns fatores, os quais são sugeridos a seguir:

7.1. ADEQUAÇÃO AO PROCESSO

- Performance baseada nos tempos de resposta necessários ao controle automático, nos tempos de resposta a uma intervenção operacional e nos tempos de atualização de uma IHM após a ocorrência de um evento;
- Quantidade de dados, frequência de registro e período de armazenagem;
- Quantidades de funções de controle disponíveis e já implementadas para determinados processos;
- Existência de interfaces especiais para integração de elementos de campo peculiares a determinados tipos de processo.

7.2. FATOR OPERATIVO

- Existência de IHM adequada à cultura operacional existente e apropriada para instalação nos locais desejados;

- Capacidade de processamento para gerar um conforto operacional (respostas rápidas às solicitações);
- Regime administrativo (jornada de trabalho) adotado pelos usuários.

7.3. FATOR INTEGRATIVO

- Existência de interfaces, em quantidade e padrões adequados, para a integração com a instrumentação tipicamente utilizada no processo em questão;
- Bancos de dados adequados à integração com outros sistemas informatizados;
- Disponibilidade de inúmeros protocolos para interação fácil com os diversos sistemas de comunicações.

7.4. FATOR AMBIENTAL

- Equipamentos adequados a trabalhar sob condições de temperatura, umidade, vibração, ação corrosiva, presença de gases e poeiras, agressão mecânica, altitude, interferência eletromagnética que possam existir nos locais de instalação.

7.5. FATOR FÍSICO

- Equipamentos com dimensões adequadas para serem instalados, transportados e manuseados nos locais de sua instalação.

7.6. FATOR ENERGÉTICO

- Equipamentos que possam ser alimentados pelos sistemas de alimentação disponíveis no local da instalação.

7.7. MANUTENÇÃO

- Os locais de instalação devem permitir o acesso aos equipamentos e serem dotados de iluminação;
- Deve-se possuir um ferramental adequado que facilite a configuração de todas as unidades;
- Os itens sobressalentes devem ser os mais padronizados possível e serem facilmente encontrados no mercado;
- Conhecimento prévio das equipes que serão as responsáveis pelas atividades correspondentes.

7.8. SEGURANÇA

- Disponibilidade compatível com o sistema / processo ao qual o mesmo se aplica;
- Seus equipamentos devem ser passíveis de serem configurados em redundância, no mínimo mediante os critérios apresentados.

REFERÊNCIAS BIBLIOGRÁFICAS

BOYER, S.A. *SCADA: Supervisory Control and Data Acquisition*, USA: ISA — International Society of Automation, 4.ed, 2010.

BAILEY, D.; Wright, E. *Pratical SCADA for Industry*, USA: Elsevier, 1.ed., 2003.

BOYES, W. *Instrumentation Reference Book*, USA: Elsevier, 3.ed., 2003.

PARK, J.; Mackay, S.; Wright, E. *Practical Data Communication for Instrumentation and Control*, USA: Elsevier, 1.ed., 2003.

OGATA, K. *Engenharia de Controle Moderno*, 5.ed. São Paulo: Person, 2011.

COHN, P.E. *Analisadores Industriais: no processo, na área de utilidades, na supervisão da emissão de poluentes e na segurança*, Rio de Janeiro: Interciência: IBP, 2006.

Índice

A

acesso, 38
    broadcast, 42
    mestre-escravo, 39
    multicast, 42
    multimestre, 40
    storage and forward, 44
Adequação ao Processo, 159
arquitetura cliente-servidor, 126

B

base de dados, 29
Base de Dados de Tempo Real, 143
Base de Dados Histórica, 144
Bases de Dados, 130, 131, 134, 137, 138, 144

C

central de operações, 19, 29
Central de Operações, 117
comando, 31
computadores de vazão, 106
comunicação, 7
    bidirecional, 7
Comunicação, 140
Controladores Lógicos Programáveis, 103
controle, 31

D

datação, 11
Dispositivos Eletrônicos Inteligentes, 104
    Centros de Comandos de Motores inteligentes, 104
    disjuntores inteligentes, 104

medidores de grandezas elétricas, 104
relés digitais de proteção, 104

E
ergonomia, 122
　Configuração das Interfaces Homem-Máquina, 124
　conforto operacional, 123
escalabilidade, 13
escolha do protocolo, 53
estação remota, 99
　dedicada, 103
　funções, 100
　　avançadas, 102
　　básicas, 100
estação repetidora, 102
estações de trabalho, 117
　Estação de Engenharia, 121
　Estação de Funções Avançadas, 121
　Estação de Operação, 119
　Estação Servidora de Dados, 119
eventos, 134
　Ações da Operação, 134
　do Sistema, 134
　Internos, 134

F
faixas de frequência, 59
Fator Energético, 161
Fator Físico, 161
Fator Integrativo, 160
Fator Operativo, 159
FEP, 21, 30, 83

Fibras Monomodo, 78
　dispersão deslocada, 78
　dispersion shifted, 78
　índice degrau standard, 78
　non-zero dispersion, 78
Fibras Multímodo, 76
　de Índice Degrau, 77
　de Índice Gradual, 77
fieldbus, 29
Fluxo de Dados, 141
Front End Processor, 21

G
Gás, 151
GPS, 87

H
Histórico e Tendência, 136

I
Instrumentação Convencional, 105
interconectividade, 13
Interface com o Processo, 107
　através de redes de campo, 107
　através de um par de fios, 107
　direta, 107
　Fieldbus, 107
　Hardwired, 107
　serial, 107
Interface Direta, 108
interface homem-máquina, 19
Interface Homem Máquina, 22
Interface Homem-Máquina, 121, 122, 132
Interfaces Homem Máquina, 8
　monitor de vídeo, 8

Interfaces Seriais, 110
interoperabilidade, 13

L

LAN - Local Area Network, 90
licenciamento, 65
linguagem de programação, 141
Linha Discada, 69
Linha Privada de Comunicação de Dados, 71
Linhas Particulares Dedicadas, 72

M

Manutenção, 161
meio de comunicação, 53
    Aplicação e Comparação, 81
    de Propriedade e de Utilização, 53
    fibra óptica, 75
    Propriedade, 53
    rádio, 54
    Utilização, 53
mensagem, 37
modelo OSI-ISO, 45
modem, 30
    demodulação, 30
    modulação, 30
modulação, 61
    Direct Sequence Spread Spectrum, 63
    Espalhamento Espectral por Salto de Frequência FHSS, 62
    Espalhamento Espectral por Sequência Direta DSSS, 63
    Frequency Hopping Spread Spectrum, 62
    modulação em frequência, 61
    modulação por chaveamento de frequência FSK, 62
    modulação por espalhamento espectral, 62
    Spread Spectrum, 62
modularidade, 13
monitoração, 31

O

OPC, 50

P

padrão elétrico, 37
    EIA RS 232, 37
    EIA RS 485, 37
painel pneumático, 4
portabilidade, 13
processador de fronteira, 12, 21, 30
    Tipos de FEP, 87
Processador de Fronteira, 83
Processamento de Dados, 138
protocolo de comunicação, 31
    topologia, 32
protocolo TCP/IP, 48

R

rádio, 7, 54
radiopropagação, 58
radiotelemetria, 7
rede local, 90
Redes de Longa Distância, 92
registradores eletrônicos de pressão, 107
Relatórios, 144
relés, 8

S

satélites, 80
SCADA, 19, 29
   software SCADA, 19
   solução tecnológica, 20
   Supervisão, Controle e Aquisição de DAdos, 19
Scripts, 141
Segurança, 161
sequência de Barker, 64
setor de óleo, 149
sistema, 10
   SCADA, 14
   sistema aberto, 12
   SSC, 14
   tempo real, 10–15
sistema de automação, 5
sistema de comunicação, 21, 29
   BATCH, 31
   carrier, 74
   on-line, 31
Sistemas de Alimentação, 112
   Baterias Permanentes, 113
   Células Fotovoltaicas, 112
   Células Termovoltaicas, 112
sistemas de automação, 23
sistemas de rádio, 55
   Full-Duplex, 56
   Simplex, 55
sistemas On-line, 31
sistemas On-line., 31
Software de Supervisão e Controle, 129
Software SCADA, 129
Softwares de Funções Avançadas, 154

Funções OFF-LINE, 155
Funções ON LINE, 155
supervisão, 31
Supervisório, 117
Supervisory Control And Data Acquisition, 19

T

TCP/IP, 49
tecnologia, 8
   modem, 8
telecomando, 7
telemetria, 5
   telecomando, 9
   telesupervisão, 9
topologia, 32
   anel, 35
   barramento, 34
   estrela, 33
   ponto a ponto, 33

U

Unidades Terminais Remotas, 103

V

Válvulas Inteligentes de Controle, 106
visada direta, 59

W

WAN - Wide Area Network, 92

CONHEÇA OUTROS LIVROS DA ALTA BOOKS

Negócios - Nacionais - Comunicação - Guias de Viagem - Interesse Geral - Informática - Idiomas

Todas as imagens são meramente ilustrativas.

SEJA AUTOR DA ALTA BOOKS!

Envie a sua proposta para: autoria@altabooks.com.br

Visite também nosso site e nossas redes sociais para conhecer lançamentos e futuras publicações!
www.altabooks.com.br

/altabooks • /altabooks • /alta_books

ALTA BOOKS
E D I T O R A